EXAMINATION QUESTIONS AND ANSWERS OF AMERICAN MIDDLE SCHOOL STUDENTS MATHEMATICAL CONTEST FROM THE FIRST TO THE LATEST (VOLUME V)

历届美国中学生
数学竞赛试题及解答

第5卷 兼谈复数的基本知识

1970~1972

刘培杰数学工作室 编

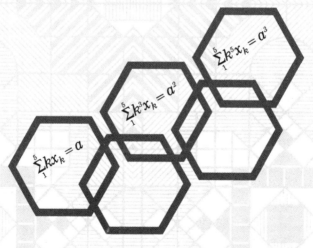

哈尔滨工业大学出版社
HARBIN INSTITUTE OF TECHNOLOGY PRESS

内容简介

美国中学生数学竞赛是全国性的智力竞技活动,由大学教授出题,题目具有深厚的背景,蕴涵丰富的数学思想,这些题目有益于中学生培养数学思维,提高辨识数学思维模式的能力.本书面向高中师生,整理了1970~1972年美国中学生数学竞赛试题,并给出了巧妙的解答.

本书适合于中学生、中学教师及数学竞赛爱好者阅读参考.

图书在版编目(CIP)数据

历届美国中学生数学竞赛试题及解答. 第5卷,兼谈复数的基本知识:1970~1972/刘培杰数学工作室编. —哈尔滨:哈尔滨工业大学出版社,2014.6
 ISBN 978-7-5603-4551-2

Ⅰ.①历… Ⅱ.①刘… Ⅲ.①中学数学课-题解 Ⅳ.①G634.605

中国版本图书馆 CIP 数据核字(2013)第 309930 号

策划编辑	刘培杰 张永芹	
责任编辑	张永芹 钱辰琛 邵长玲	
封面设计	孙茵艾	
出版发行	哈尔滨工业大学出版社	
社　　址	哈尔滨市南岗区复华四道街 10 号　邮编 150006	
传　　真	0451-86414749	
网　　址	http://hitpress.hit.edu.cn	
印　　刷	哈尔滨市石桥印务有限公司	
开　　本	787mm×960mm　1/16　印张 10.5　字数 114 千字	
版　　次	2014 年 6 月第 1 版　2014 年 6 月第 1 次印刷	
书　　号	ISBN 978-7-5603-4551-2	
定　　价	18.00 元	

(如因印装质量问题影响阅读,我社负责调换)

目录

第1章 1970年试题 //1
1 第一部分 //1
2 第二部分 //3
3 第三部分 //5
4 第四部分 //8
5 答案 //9
6 1970年试题解答 //9

第2章 1971年试题 //28
1 第一部分 //28
2 第二部分 //30
3 第三部分 //33
4 第四部分 //35
5 答案 //37
6 1971年试题解答 //37

第3章 1972年试题 //59
1 第一部分 //59
2 第二部分 //61

3　第三部分　//64

4　第四部分　//67

5　答案　//69

6　1972 年试题解答　//69

附录　复数的基本知识　//90

1　复数　//90

2　复数的变换　//113

3　指数形式与复数的表示　//125

4　复数的模　//137

1970 年试题

1 第一部分

第 1 章

1. $\sqrt{1+\sqrt{1+\sqrt{1}}}$ 的四次幂是( ).

   (A) $\sqrt{2}+\sqrt{3}$ (B) $\frac{1}{2}(7+3\sqrt{5})$

   (C) $1+2\sqrt{3}$ (D) 3

   (E) $3+2\sqrt{2}$

2. 一个正方形和一个圆有相等的周长. 圆的面积对正方形的面积的比例是( ).

   (A) $\frac{4}{\pi}$ (B) $\frac{\pi}{\sqrt{2}}$

   (C) $\frac{4}{1}$ (D) $\frac{\sqrt{2}}{\pi}$

   (E) $\frac{\pi}{4}$

3. 如果 $x=1+2^p, y=1+2^{-p}$,那么,y 以 x 表达时,等于( ).

(A)$\dfrac{x+1}{x-1}$ (B)$\dfrac{x+2}{x-1}$

(C)$\dfrac{x}{x-1}$ (D)$2-x$ (E)$\dfrac{x-1}{x}$

4. 设 s 为所有三个连续整数的和数所组成的集. 那么我们可以如此说(　　).

(A)s 中没有一个元可以被 2 除尽

(B)s 中没有一个元可以被 3 除尽, 但有些元可以被 11 除尽

(C)s 中没有一个元可以被 3 或 5 除尽

(D)s 中没有一个元可以被 3 或 7 除尽

(E)并非上述中任何一个

5. 如果 $f(x) = \dfrac{x^4 + x^2}{x+1}$, 则 $f(i)$(其中 $i = \sqrt{-1}$)等于(　　).

(A)$1+i$ (B)1 (C)-1

(D)0 (E)$-1-i$

6. 对 x 的实值而言, $x^2 + 8x$ 的最小值是(　　).

(A)-16.25 (B)-16 (C)-15

(D)-8 (E)非上述的答案

7. 在边长为 s 的正方形 $ABCD$ 中, 以 A 和 B 为中心作四分之一圆弧. 这些圆弧交于正方形内的一点 X, X 与 CD 边的距离是(　　).

(A)$\dfrac{1}{2}(\sqrt{3}+4)s$ (B)$\dfrac{1}{2}\sqrt{3}s$

(C)$\dfrac{1}{2}(1+\sqrt{3})s$ (D)$\dfrac{1}{2}(\sqrt{3}-1)s$

(E)$\dfrac{1}{2}(2-\sqrt{3})s$

8. 如 $a = \log_8 225$ 及 $b = \log_2 15$, 则( ).

   (A) $a = \dfrac{b}{2}$　　　(B) $a = \dfrac{2b}{3}$

   (C) $a = b$　　　(D) $b = \dfrac{a}{2}$

   (E) $a = \dfrac{3b}{2}$

9. 点 P 及 Q 位于线段 AB 上, 同时两点都在 AB 的中点同一旁. 点 P 按比例 $2:3$ 分割 AB, 点 Q 按比例 $3:4$ 分割 AB. 如果 $PQ = 2$, 则线段 AB 的长度为( ).
   (A) 12　　(B) 28　　(C) 70　　(D) 75
   (E) 105

10. 设 $F = 0.48181\cdots$ 是一个无穷循环小数, 其中 8 和 1 是<u>重复位数</u>. 当把 F 写成一个化简后的分数时, 分母比分子多( ).
    (A) 13　　(B) 14　　(C) 29　　(D) 57
    (E) 126

2 第二部分

11. 如果 $2x^3 - hx + k$ 的两个因子是 $x + 2$ 及 $x - 1$, $|2h - 3k|$ 的值是( ).
    (A) 4　　(B) 3　　(C) 2　　(D) 1
    (E) 0

12. 一个半径为 r 的圆切于长方形 $ABCD$ 的边 AB, AD 及 CD, 同时经过其对角线 AC 的中点. 以 r 表示的长方形的面积是( ).
    (A) $4r^2$　　(B) $6r^2$　　(C) $8r^2$　　(D) $12r^2$

(E)$20r^2$

13. 已知二元运算 $*$ 定义为 $a*b=a^b$（a 和 b 为任意正数），那么，对于所有的正数 a,b,c,n，我们有（   ）.

    (A)$a*b=b*a$

    (B)$a*(b*c)=(a*b)*c$

    (C)$(a*b^n)=(a*n)*b$

    (D)$(a*b)^n=a*(bn)$

    (E)非上述的答案

14. 有方程 $x^2+px+q=0$，其中 p 及 q 是正数. 如果其根的差是 1，那么 p 等于（   ）.

    (A)$\sqrt{4q+1}$　　　　(B)$q-1$

    (C)$-\sqrt{4q+1}$　　　(D)$q+1$

    (E)$\sqrt{4q-1}$

15. 在 xOy 平面中，作不同的直线经过点 $(3,4)$ 及联结点 $(-4,5)$ 和 $(5,-1)$ 的线段的三分点. 其中的一条线的方程是（   ）.

    (A)$3x-2y-1=0$　　(B)$4x-5y+8=0$

    (C)$5x+2y-23=0$　(D)$x+7y-31=0$

    (E)$x-4y+13=0$

16. 如果 $F(n)$ 是一个函数使得 $F(1)=F(2)=F(3)=1$，同时，对 $n \geq 3$，$F(n+1)=\dfrac{F(n) \cdot F(n-1)+1}{F(n-2)}$，那么 $F(6)$ 等于（   ）.

    (A)2　　(B)3　　(C)7　　(D)11

    (E)26

17. 如果 $r>0$，那么对所有使得 $pq \neq 0$ 和 $pr>qr$ 的 p 及 q，我们有（   ）.

第1章 1970年试题

(A) $-p > -q$ \qquad (B) $-p > q$

(C) $1 > -\dfrac{q}{p}$ \qquad (D) $1 < \dfrac{q}{p}$

(E) 并非上述中任何答案

18. $\sqrt{3+2\sqrt{2}} - \sqrt{3-2\sqrt{2}}$ 等于( ).

(A) 2 \quad (B) $2\sqrt{3}$ \quad (C) $4\sqrt{2}$ \quad (D) $\sqrt{6}$

(E) $2\sqrt{2}$

19. 公比为 r(其中 $|r|<1$)的一个无限几何级数的和是 15,而这级数的每项平方和是 45. 这级数的首项是( ).

(A) 12 \quad (B) 10 \quad (C) 5 \quad (D) 3

(E) 2

20. 直线 HK 和 BC 同在一个平面上. M 是线段 BC 的中点,BH 和 CK 垂直于 HK. 那么我们有以下关系( ).

(A) 永远有 $MH = MK$ \quad (B) 永远有 $MH > BK$

(C) 有时有 $MH = MK$,但并不永远如此

(D) 永远有 $MH > MB$ \quad (E) 永远有 $BH < BC$

3 第三部分

21. 在一行车路程中,从仪表板上所读出的路程是 450 km,在回程时,用上雪地轮胎去走同样路程,读数是 440 km. 设原来车轮半径是 38 cm,试求出车轮半径的增加量,精确至最近的百分之一厘米( ).

(A) 0.33 \quad (B) 0.86 \quad (C) 0.35 \quad (D) 0.38

5

(E)0.66

22. 如果前 $3n$ 个正整数的和比前 n 个正整数的和多 150,那么前 $4n$ 个正整数的和是(   ).
    (A)300   (B)350   (C)400   (D)450
    (E)600

23. 数字 10!(10 是在 10 进制系统下写出的)用 12 进制系统写出时刚好有 k 个零在末尾. k 的值是(   ).
    (A)1   (B)2   (C)3   (D)4
    (E)5

24. 一个正三角形和一个正六边形具有相等的周长.如果三角形的面积是 2,则六边形的面积是(   ).
    (A)2   (B)3   (C)4   (D)6
    (E)12

25. 对于每一个实数 x,设 $[x]$ 为小于或等于 x 的最大整数.如果头等邮件的邮费是每千克(或其一部分)\$6,那么一封重 W kg 的信的头等邮费以美元计算的公式是(   ).
    (A)$6W$ (B)$6[W]$ (C)$6([W]-1)$
    (D)$6([W]+1)$ (E)$-6[-W]$

26. 在 xOy 平面上,图形 $(x+y-5)(2x-3y+5)=0$ 和 $(x-y+1)(3x+2y-12)=0$ 的不同公共点的数目是(   ).
    (A)0   (B)1   (C)2   (D)3
    (E)4
    (F)无穷

27. 在一个三角形中,面积在数值上同其周长相等.其内切圆半径是(   ).
    (A)2   (B)3   (C)4   (D)5

6

(E)6

28. 在 △ABC 中,过顶点 A 的中线垂直于过顶点 B 的中线.如果 AC 和 BC 的边长分别是 6 和 7,那么 AB 的边长是( ).

(A)$\sqrt{17}$　(B)4　(C)$4\dfrac{1}{2}$　(D)$2\sqrt{5}$

(E)$4\dfrac{1}{4}$

29. 如果现在时间是 10:00 与 11:00 之间,而 6 min 后,钟表的分针将会刚好同 3 min 前时针的方向相反.现在的准确时间是( ).

(A)$10:05\dfrac{5}{11}$　　(B)$10:07\dfrac{1}{2}$

(C)10:10　(D)10:15　(E)$10:17\dfrac{1}{2}$

30. 在图中,线段 AB 和 CD 互相平行,∠D 的量度是 ∠B 的两倍,而线段 AD 和 CD 的长度分别是 a 和 b.于是 AB 的长度等于( ).

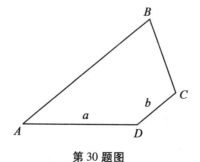

第 30 题图

(A)$\dfrac{1}{2}a+2b$　　(B)$\dfrac{3}{2}b+\dfrac{3}{4}a$

7

(C)$2a-b$　　　　(D)$4b-\dfrac{1}{2}a$

(E)$a+b$

4　第四部分

31. 如果从所有五位数的集中随机地选出一个数,使得各位数的和等于43,这个数可以被11除尽的概率是(　　).

    (A)$\dfrac{2}{5}$　　(B)$\dfrac{1}{5}$　　(C)$\dfrac{1}{6}$　　(D)$\dfrac{1}{11}$

    (E)$\dfrac{1}{15}$

32. A 和 B 从直径相对点开始以匀速率依相反方向绕一圆形路轨运动. 如果他们同时出发;当 B 走了 100 m 后,他们相遇,同时他们又在 A 走完一圈前 60 m 相遇,那么路轨的圆周(以 m 计)为(　　).

    (A)400　　(B)440　　(C)480　　(D)560

    (E)880

33. 在序列 1,2,3,4,…,10 000 中,求其所有数字中的位数的和是(　　).

    (A)180 001　　　　(B)154 756

    (C)45 001　　　　　(D)154 755

    (E)270 001

34. 在除 13 511,13 903 及 14 589 时能剩下相同的余数的最大整数是(　　).

    (A)28　　(B)49　　(C)98

    (D)大过 49 的一个 7 的奇倍数

第1章 1970年试题

(E) 大过98的一个7的偶倍数

35. 一个退休职工每年获得一份退休金,正比于他服务的年数的平方根. 如果他多服务 a 年,他的退休金会比原有的多 p 元,而如果他多服务 b 年($b \neq a$),他的退休金会比原有的多 q 元.求他每年的退休金是( ).(以 a,b,p 和 q 表示)

(A) $\dfrac{p^2 - q^2}{2(a-b)}$ (B) $\dfrac{(p-q)^2}{2\sqrt{ab}}$

(C) $\dfrac{ap^2 - bq^2}{2(ap - bq)}$ (D) $\dfrac{ap^2 - bq^2}{2(bp - aq)}$

(E) $\sqrt{(a-b)(p-q)}$

5 答 案

1.(E) 2.(A) 3.(C) 4.(B) 5.(D) 6.(B)
7.(E) 8.(B) 9.(C) 10.(D) 11.(E)
12.(C) 13.(D) 14.(A) 15.(E) 16.(C)
17.(E) 18.(A) 19.(C) 20.(A) 21.(B)
22.(A) 23.(D) 24.(B) 25.(E) 26.(B)
27.(A) 28.(A) 29.(D) 30.(E) 31.(B)
32.(C) 33.(A) 34.(C) 35.(D)

6 1970年试题解答

1. 设 $x = \sqrt{1 + \sqrt{1 + \sqrt{1}}}$. 由于 $\sqrt{1} = 1, x = \sqrt{1 + \sqrt{2}}$,所以 $x^2 = 1 + \sqrt{2}, x^4 = (x^2)^2 = 1 + 2\sqrt{2} + 2 = 3 + 2\sqrt{2}$.

答案:(E).

2. 设 s,r 及 p 分别代表正方形的边长,圆的半径,和共有的周长.那么 $p=4s=2\pi r$,于是 $s=\dfrac{p}{4}$,而 $r=\dfrac{p}{2\pi}$.

现在设 A_o 及 A_s 分别为圆及正方形的面积.那么所求的比例是

$$\frac{A_o}{A_s}=\frac{\pi r^2}{s^2}=\frac{\pi(\dfrac{p}{2\pi})^2}{(\dfrac{p}{4})^2}=\frac{4}{\pi}$$

答案:(A).

3. 为了得到以 x 表示的 y 值,只要从第一和第二已知等式中得出 2^p 等于多少,再让两式相等即可

$$y-1=2^{-p}=\frac{1}{x-1}$$

于是 $y=1+\dfrac{1}{x-1}=\dfrac{x}{x-1}$.

答案:(C).

4. 三个连续整数通常可以表示为 $n-1,n$ 及 $n+1$,其中 n 为中间数.于是 s 集中每一元都可写成

$$(n-1)^2+n^2+(n+1)^2=3n^2+2$$

当 n 为隅数,$3n^2+2$ 可以被 2 除尽,所以选项(A)是错的.我们可知 s 中没有一元可以被 3 除尽,因为在该除法后余数总是 2.

为消去选项(C)和(D),我们要证明:(I)当 n 在被 5 除后有余数 1,则 $3n^2+2$ 可以被 5 除尽;(II)当 n 被 7 除时有余数 2,则 $3n^2+2$ 可以被 7 除尽.

(I)如果

$$n=5m+1, n^2=5^2m^2+2\cdot 5m+1$$

$$3n^2+2=3\cdot 5^2m^2+6\cdot 5m+5=5(15m^2+6m+1)$$
(II) 如果
$$n=7m+2, n^2=7^2m^2+2\cdot 2\cdot 7m+4$$
$$3n^2+2=3\cdot 7^2m^2+12\cdot 7m+14=7(21m^2+12m+2)$$
为了证明(B)是正确的,我们一定要找出一个 n,使得 $3n^2+2$ 可以被 11 除尽.这确是如此,只要 n 在被 11 除时有余数 5
$$3(11m+5)^2+2=3(11^2m^2+10\cdot 11m+5^2)+2$$
$$=11(33m^2+30m+7)$$
答案:(B).

5. 由于 $i=\sqrt{-1}, i^2=-1$,而 $i^4=(i^2)^2=(-1)^2=1$,因此
$$f(i)=\frac{i^4+i^2}{1+i}=\frac{1-1}{1+i}=\frac{0}{1+i}=0$$
因为分母 $1+i\neq 0$,而分子是 0.(只要 $a=0$ 及 $b=0$ 一个复数 $a+bi$ 就等于 0)
答案:(D).

6. 由恒等式
$$x^2+8x=x^2+8x+16-16=(x+4)^2-16$$
我们得知:如果非负式子 $(x+4)^2$ 是零的话,已知式是最小的,即 $x=-4$,那么 x^2+8x 等于 $(-4)^2+8(-4)=-16$.
答案:(B).

7. 如图,四分之一圆弧 AXC 及 BXD 交于 X,半径为 s,因此 $\triangle ABX$ 是等边的.过 X 而平行于 AD 的线分别正交 AB 及 DC 于 F 及 M.所求的从 X 到 CD 的距离是 $MX=s-XF=s-\frac{1}{2}\sqrt{3}s$,因为 XF 是边长为 s 的等

边 △ABX 的高,而其长度为 $\frac{1}{2}\sqrt{3}s$. 因此 $MX = \frac{1}{2}(2 - \sqrt{3})s$.

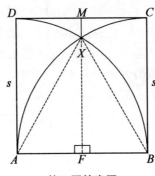

第 7 题答案图

答案:(E).

8. 已知方程的指数形式是
$$8^a = 225, 2^b = 15$$
由于 $8 = 2^3$, 及 $15^2 = 225$, 我们有
$$(2^3)^a = 2^{3a} = 225 = 2^{2b}$$
因此 $3a = 2b, a = \frac{2b}{3}$.

答案:(B).

9. 由于点 P 及 Q 分别按比例 2:3 及 3:4 去分割 AB(见图),它们分别位于 AB 距离的 $\frac{2}{5}$ 及 $\frac{3}{7}$ 处. 于是, $AP = \frac{2}{5}AB$, 及 $AQ = \frac{3}{7}AB$. 现在 $PQ = AQ - AP = \frac{3}{7}AB - \frac{2}{5}AB = \frac{AB}{35}$. 我们得知 $PQ = 2$, 于是 $AB = 2 \times 35 = 70$.

第1章 1970年试题

```
A |----2k----|<--------3k--------| B
              PQ
  |------3L------|--------4L--------|
```

第9题答案图

答案:(C).

10. 循环小数 F 可以写成 0.4 及一个公比为 0.01 的几何级数的和数

$$F = 0.4818181\cdots = 0.4 + 0.0818181\cdots$$
$$= 0.4 + 0.081 + 0.00081 + \cdots$$
$$= 0.4 + 0.081(1 + 0.01 + 0.0001 + \cdots)$$
$$= 0.4 + 0.081 \times \frac{1}{1-0.01} = 0.4 + \frac{0.081}{0.99}$$
$$= 0.4 + \frac{9}{11} = \frac{53}{110}$$

现在,可知当分数 F 化简后,差数

$$\text{分母} - \text{分子} = 110 - 53 = 57$$

答案:(D).

11. 由于已知的三次多项式的其中两个因子为已知,第三个线性因子,$2(x-c)$ 可以用以下方法决定

$$p(x) = 2x^3 - hx + k = 2\left[x^3 - \frac{h}{2}x + \frac{k}{2}\right]$$
$$= 2(x+2)(x-1)(x-c)$$
$$= 2[x^3 - (c-1)x^2 - (c+2)x + 2c]$$

由于 x^2 的系数是 0,所以 $c=1$. 于是

$$p(x) = 2[x^3 - 3x + 2] = 2\left[x^3 - \frac{1}{2}hx + \frac{1}{2}k\right]$$

因此 $h=6, k=4, |2h-3k| = |12-12| = 0$.

答案:(E).

12. 设 Q 表示已知圆(见图)的圆心,而 R, S 及 T 分别

表示该圆同边 AD, AB 及 CD 的切点, T, Q 及 S 三点共线, 而 ST 既是圆的一条直径, 也是长方形的一个高, 长度为 $2r$. RQ 平行于边 AB 及 CD, 且在二者的中间. 因此它平分每一条截线, 本题中, 它平分对角线 AC; 因此 AC 的中点 M 位于 RQ 上. 因为 M 也在圆上, RM 是一条直径, 因此 $RM = 2r$. 由于 $AD = 2AR$, 我们有 $DC = 2RM = 4r$. 所以长方形的面积是: 底·高 $= 4r \cdot 2r = 8r^2$.

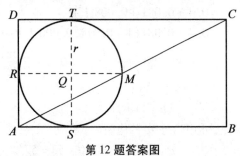

第 12 题答案图

答案: (C).

13. 利用运算 $*$ (这可以称为"取幂") $a * b = a^b$ 的定义, 检验每一项选择.

(A) $a * b = a^b$, 而 $b * a = b^a$; 这一般来说都是不等的, 因此取幂并不是交换的.

(B) $a * (b * c) = a * b^c = a^{b^c}$, 同 $(a * b) * c = a^b * c = (a^b)^c = a^{bc}$ 永不相等, 因此取幂并不是结合的.

(C) $a * b^n = a^{(b^n)}$ 同 $(a * n) * b = a^n * b = a^{nb}$, 永不相等, 因此选项 (C) 是错的.

(D) $(a * b)^n = (a^b)^n = a^{bn}$, 同 $a * (bn) = a^{bn}$ 恒等, 因此 (D) 是一个正确的选项.

(E) 也是不对的. 只有 (D) 才是正确的选项.

答案:(D).

14. 从二次方程的公式得知,已知方程 $x^2 + px + q = 0$ 的根是: $\frac{1}{2}(-p + \sqrt{p^2-4q})$ 及 $\frac{1}{2}(-p - \sqrt{p^2-4q})$.

这些根的差是 1,我们一定有 $\sqrt{p^2-4q} = 1$,因此 $p^2 - 4q = 1$,于是 $p = \sqrt{4q+1}$. 平方根中的负号一定要除去,因为 p 和 q 是已知正的.

答案:(A).

15. 如果点 A 和 B 有坐标 (x_A, y_A) 及 (x_B, y_B),则割分线段 AB 的点 C——其坐标为 (x_C, y_C),使得 $\frac{AC}{AB} = r$ 即满足于下述关系

$$\frac{x_C - x_A}{x_B - x_A} = \frac{y_C - y_A}{y_B - y_A} = \frac{AC}{AB} = r$$

以上关系可以从具有平行于坐标轴的边及斜边为 AC 及 AB 的相似三角形得知. 从这些关系中解 x_C 及 y_C,我们可得

$$C: (x_C, y_C) = [x_A + r(x_B - x_A), y_A + r(y_B - y_A)]$$

现在,设 $A = (-4, 5)$, $B = (5, -1)$. 为了找出三分点 P 及 Q,我们分别用比例 $\frac{1}{3}$ 和 $\frac{2}{3}$ 求出

$$P = (x_P, y_P) = [-4 + \frac{1}{3}(9), 5 + \frac{1}{2}(-6)]$$
$$= (-1, 3)$$
$$Q = (x_Q, y_Q) = [-4 + \frac{2}{3}(9), 5 + \frac{2}{3}(-6)]$$
$$= (2, 1)$$

对于任何一对在直线上的点而言,y 的差值除以 x

的差值是一个常数[①];对于(x,y)及已知点$(3,4)$这一对而言,这个商数是$\frac{y-4}{x-3}$. 将这个商数同它在三分点 P 和 Q 上的值恒等就给出所求的直线的方程项$\frac{y-4}{x-3}=\frac{3-4}{-1-3}$及$\frac{y-4}{x-3}=\frac{1-4}{2-3}$化简后,得出等价方程 $x-4y+13=0$ 及 $3x-y-5=0$.

其中第一个方程就是在选项(E)所给出的,同时,没有别的选项等价于另一个方程.

答案:(E).

16. 由于 $F(1)=F(2)=F(3)=1$,利用已知的递推关系

$$F(n+1)=\frac{F(n)F(n-1)+1}{F(n-2)} \quad (n\geqslant 3)$$

我们先计算 $F(4)$,然后 $F(5)$,从而得到 $F(6)$

$$F(4)=\frac{F(3)F(2)+1}{F(1)}=\frac{1\times 1+1}{1}=2$$

$$F(5)=\frac{F(4)F(3)+1}{F(2)}=\frac{2\times 1+1}{1}=3$$

$$F(6)=\frac{F(5)F(4)+1}{F(3)}=\frac{3\times 1+1}{1}=7$$

答案:(C).

17. 为了去证明选项(E)的正确性,我们要反驳选项(A),(B),(C)及(D).

已知条件 $pr>qr, r>0$ 蕴涵着 $p>q$, 及 $-p<-q$, 这同(A)矛盾;又如果 $p>0$, 则 $q>\frac{q}{p}$, 同(D)矛盾.

---

① 在直角坐标中,这个量称为直线的斜率.

第 1 章 1970 年试题

当 $p>q\geqslant 0$,我们有 $q>-p$,同(B)矛盾;又当 p 为正,q 为负时,$|q|>p$ 时,则 $-q>p>0$ 与及 $-\dfrac{q}{p}>1$,这同(C)矛盾. 因此(E)是正确的选项.

答案:(E).

18. 以 d 表示所求的差;d 是正的,于是
$$d^2=(\sqrt{3+2\sqrt{2}})^2-2\sqrt{3+2\sqrt{2}}\sqrt{3-2\sqrt{2}}+(\sqrt{3-2\sqrt{2}})^2$$
$$=3+2\sqrt{2}-2\sqrt{3^2-(2\sqrt{2})^2}+3-2\sqrt{2}$$
$$=6-2\sqrt{9-8}=6-2=4$$

所以 $d=\sqrt{d^2}=\sqrt{4}=2$.

答案:(A).

19. 以 a 表示几何级数的首项. 已知
$$a+ar+ar^2+\cdots=a(1+r+r^2+\cdots)=\dfrac{a}{1-r}=15$$

所以
$$a=15(1-r)=15-15r$$

平方的级数有和数
$$a^2+a^2r^2+a^2r^4+\cdots=a^2(1+r^2+r^4+\cdots)=\dfrac{a^2}{1-r^2}$$
$$=\dfrac{a}{1-r}\cdot\dfrac{a}{1+r}=45$$

同时,当 15 取代 $\dfrac{a}{1-r}$ 时,$\dfrac{a}{1+r}=3$,于是
$$a=3(1+r)=3+3r$$

把这些方程加起来 $a=15-15r$,而 $5a=15+15r$,
得出 $6a=30,a=5$.

答案:(C).

20. 在图中,根据题意作线段 BC 有中点 M,而 BH,CK

垂直于过 HK 的线段.垂直于 HK 的线 MP 平行于 BH 和 CK,平分截线 BC,因而平分每一条截线,包括线段 HK 在内,所以它是 HK 的中垂线,因而 M (和在 MP 上任意的点)是同 H 和 K 等距离的,于是永远有 MH = MK,即选择(A)所述.选择(B)和(C)同(A)矛盾,因而是错的.作出满足已知条件但同(D)和(E)矛盾的图形,容易发现(D)和(E)是不对的.

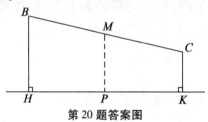

第 20 题答案图

答案:(A).

21. 汽车计程表的构造是根据车轮转数与行车千米数成正比的关系的原理制成的.设车轮在走过一段距离 D 时车轮转数为 N;距离 D 是车轮周长同转数的乘积 $2\pi r \cdot N$. 设 r_1, r_2 分别为正常和雪地轮胎的半径,又设 N_1, N_2 分别为车轮前行和回程的转数.由于实际行过的距离是相等的,我们有

$$2\pi r_1 N_1 = 2\pi r_2 N_2$$

于是 $\dfrac{r_2}{r_1} = \dfrac{N_1}{N_2} = \dfrac{450}{440}$,由于 $r_1 = 38$,我们有

$$r_2 = 38 \times \dfrac{45}{44}$$

$$r_2 - r_1 = 38\left(\dfrac{45}{44} - 1\right) = \dfrac{15}{44} \approx 0.86$$

答案:(B).

第 1 章　1970 年试题

22. 设 S_m 为前 m 个正整数和. S_m 的公式是 $S_m = \frac{1}{2}m(m+1)$（推导见 1969 年第 9 题题解），于是有

$$S_{3n} - S_n = \frac{1}{2}3n(3n+1) - \frac{1}{2}n(n+1)$$
$$= 4n^2 + n = 150$$

$4n^2 + n - 150 = (n-6)(4n+25) = 0, n = 6$ 或 $-\frac{25}{4}$

由于 n 一定是一个正整数, $n = 6, 4n = 24$, 所以

$$S_{4n} = S_{24} = \frac{1}{2}24(24+1) = 12 \times 25 = 300$$

答案：(A).

23. 在 10 进制系统下

$$10! = 1 \times 2 \times 3 \times 4 \times 5 \times 6 \times 7 \times 8 \times 9 \times 10$$
$$= 2^8 \times 3^4 \times 5^2 \times 7 = 12^4 \times 5^2 \times 7$$

而 $5^2 \times 7 = 175 = 1 \times 12^2 + 2 \times 12 + 7$, 于是

$$(5^2 \times 7 \times 12^4)_{10} = (127 \times 10^4)_{12}$$
$$= 1\ 270\ 000_{12}$$

这个数刚好有 4 个零在末尾.
答案：(D).

24. 设 S 为六角形的边长. 由于它的周长 $6S$ 同三角形的周长一样，于是三角形的边长是 $2S$. 现在已知面积为 2 的三角形可以分为四个全等等三角形，其中每边长为 S, 而六角形可以分为六个这样的三角形（见图）. 因此

$$\frac{\text{六角形的面积}}{\text{三角形的面积}} = \frac{\text{六角形的面积}}{2} = \frac{6}{4} = \frac{3}{2}$$

所以, 六角形的面积 $= \frac{3}{2} \times 2 = 3$.

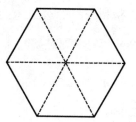
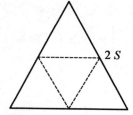

第 26 题答案图

答案:(B).

25. 问题的陈述定义了函数 $[x]$ = 最大整数 $\leq x$, 为了计算邮费, 我们需要一个稍为不同的函数, $L(x)$ = 最小整数 $\geq x$, 同"每千克或其一部分"相对应. 由于答案涉及函数 $[x]$, 需要以 $[x]$ 表示 $L(x)$, 并要求 $L(x) = -[-x]$. 为了证明这点, 将 x 写成 $x = n + \alpha, n$ 为整数, $0 \leq \alpha < 1$.

那么

$$[x] = n, L(x) = \begin{cases} n, & \text{如果 } \alpha = 0 \\ n+1, & \text{如果 } \alpha \neq 0 \end{cases}$$

现在有 $-x = -n - \alpha$, 于是

$$[-x] = \begin{cases} -n, & \text{如果 } \alpha = 0 \\ -n-1, & \text{如果 } \alpha \neq 0 \end{cases}$$

而

$$-[-x] = \begin{cases} n, & \text{如果 } \alpha = 0 \\ n+1, & \text{如果 } \alpha \neq 0 \end{cases}$$

最后的描述完全同 $L(x)$ 的描述一样. 于是所求的邮费公式是

$$6L(W) = -6[-W]$$

答案:(E).

26. 第一个方程的图形的一对直线相交于点 $(2,3)$, 这

可从解联立方程
$$x+y-5=0 \qquad ①$$
$$2x-3y+5=0 \qquad ②$$
得到.同样,直线
$$x-y+1=0 \qquad ③$$
$$3x+2y-12=0 \qquad ④$$
(其图形组成第二个方程的图形)具有同样的公共点$(2,3)$.由于所有四条直线具有不同斜率(事实上,①和③互相垂直,②和④互相垂直),$(2,3)$是两个图形的唯一公共点.

答案:(B).

27. 设ABC为已知三角形,周长为$p=AB+BC+CA$,以O及r表示其内切圆的圆心及其半径(如图所示).那么$\triangle ABC$的面积是$\triangle AOB$,$\triangle BOC$及$\triangle COA$的面积和;这些三角形的底分别为AB,BC及CA,其高为r.因此

$$S_{\triangle ABC}=\frac{1}{2}rAB+\frac{1}{2}rBC+\frac{1}{2}rCA$$
$$=\frac{1}{2}r(AB+BC+CA)=\frac{1}{2}rp$$

但这已知等于$\triangle ABC$的周长:$\frac{1}{2}rp=p$.因此$r=2$.

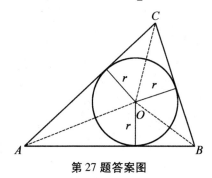

第27题答案图

答案：(A)．

28. 设过 A 和 B 的互相垂直中线相交于点 O，同其对边分别相交于中点 M 和 N；于是 $AN=3, BM=\dfrac{7}{2}$（见图）．设线段 AO 和 BO 分别有长度 $2u$ 和 $2v$，于是 OM 和 ON 有长度 u 和 v．那么，在 Rt$\triangle AON$ 和 BOM 中，分别应用毕达哥拉斯定理，得

$$4u^2+v^2=3^2=9 \text{ 和 } u^2+4v^2=\left(\dfrac{7}{2}\right)^2=\dfrac{49}{4}$$

这两个方程和的五分之四给出 $4u^2+4v^2=17$，这等于 Rt$\triangle AOB$ 的斜边的平方．因此 AB 的长度是 $\sqrt{17}$．

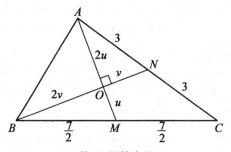

第 28 题答案图

答案：(A)．

29. 设 x 为现在过 10 点钟后的分钟数．设 M 和 H（见图）分别为钟面上分针在 6 min 后，时针在 3 min 前的位置．如果 O 是表面圆心，T 和 S 分别为 12 和 6 的刻度，那么（以 min 量度）$\angle TOM=x+6$ 而 $\angle SOH=20+\dfrac{(x-3)}{12}$．但由于 TS 和 HM 是过 O 的直线，这两个是对顶角．于是有方程

第29题答案图

$$x+6=20+\frac{(x-3)}{12}, x=15$$

于是现在的时间是 10:15.

答案:(D).

30. 设 $\angle D$ 的分角线交 AB 于 P(见图).那么内错角 $\angle APD$ 和 $\angle PDC$,连同 $\angle ADP$,都等于 $\angle B$,于是 $\triangle APD$ 是等腰的,在 P 和 D 处有两等角.这使得 $AP=AD=a$.由于 $PBCD$ 是个平行四边形,我们有 $PB=DC=b$,于是 $AB=AP+PB=a+b$.

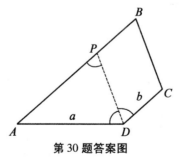

第30题答案图

答案:(E).

31. 由于在 10 进制中最大的可能数字是 9,五个位数的和 $d_1 + d_2 + d_3 + d_4 + d_5$ 最多只能是 45. 已知和数 43,与之相比小 2;它可以从下列方法产生出来:

(Ⅰ)其中一个数字是 7(比 9 少了 2),其他则是 9;7 可以出现于 5 种可能位置,79 999,97 999,99 799,99 979,99 997.

(Ⅱ)其中两个数字是 8(每个比 9 少 1),其他三个则是 9. 这种情况可以出现 $5 \times \dfrac{4}{2} = 10$(次),88 999,89 899,89 989,89 998,98 899,98 989,98 998,99 889,99 898,99 988. 其次,我们发现:一个数当且仅当其各位数字的交错和数 $d_1 - d_2 + d_3 - d_4 + d_5$ 能被 11 除尽,它就可以被 11 除尽①.

我们发现这 15 个数中刚好有 3 个数,即 97 999,99 979,98 989,能被 11 除尽,于是所求的概率是

---

① 这个事实是基于下列的整数的一项重要性质:设 R 为和数被 D 除后所剩的余数,即是

$$N_1 + N_2 + \cdots + N_k = QD + R$$

又设 R_i 为 N_i 被 D 除后所剩的余数,即是

$$N_i = Q_i D + R_i, i = 1, 2, \cdots, k$$

那么 R 等于和数 $R_1 + R_2 + \cdots + R_k$ 被 D 除后的余数

$$R_1 + R_2 + \cdots + R_k = PD + R$$

现在的五位数 $d_1 + 10 d_2 + \cdots + 10^4 d_5$ 的每项具有形式 $10^n d_{n+1}$,而由于 $10 = 11 - 1$,从二项展开式,得知

$$10^n d_{n+1} = (11-1)^n d_{n+1} = S \cdot 11 + (-1)^n d_{n+1}$$

$n = 1, 2, \cdots, 5$,于是余数 R_i 的和数是

$$(-1)^0 d_1 + (-1)^1 d_2 + (-1)^2 d_3 + (-1)^3 d_4 + (-1)^4 d_5$$
$$= d_1 - d_2 + d_3 - d_4 + d_5 = P \cdot 11 + R$$

$\dfrac{3}{15}=\dfrac{1}{5}.$

答案:(B).

32. 如图所示,设 $2C$ 为路轨圆周的米数,A 和 B 为起点,F 和 S 为第一次和第二次相遇地点.在第一次相遇时,A 和 B 分别走了路程$(C-100)$和100;在第二次相遇时,A 和 B 则分别走了$(2C-60)$和$(C+60)$.由于 A,B 都匀速地行走,他们行程的比在每个时间间隔中都是一样的.具体说,在 F 和 S 上有

$$\dfrac{C-100}{100}=\dfrac{2C-60}{C+60}$$

因此 $C=240$.所以圆周 $2C$ 为 480 m.

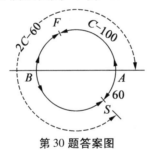

第30题答案图

答案:(C).

33. 暂时撇开 10 000 不理,但加入 0,这会将所求的和数减少 1.在这新的序列 $0,1,2,3,\cdots,9\,999$ 中,每个数乘以 10^{-4}(或其他 10 的任何幂次),这不会改变各位数字的和,但会给出一个 10 000 个四位十进制小数的序列 $0.000\,0,0.000\,1,\cdots,0.999\,9.$ 十个位数 $0,1,2,\cdots,9$ 中的每一个数字在这 10 000 个具有四个位数的小数中的每个位数上都出现相同的

次数,即 $\frac{10\,000}{10} = 1\,000$(次),于是每个数字共出现了 $4 \times 1\,000 = 4\,000$(次). 因此所有各位的数字和是
$$4\,000(0 + 1 + 2 + \cdots + 9) = 4\,000 \times 45 = 180\,000$$
现在再加上开始暂时在位数和中加入 0 而除去 10 000 所减少的 1,总和就等于 180 001.

答案:(A).

34. 如果 a, b 及 c 被一个整数 d 除时,都剩下一个相同的余数 r 那么, $a = \alpha d + r, b = \beta d + r$, 和 $c = \gamma d + r$ 其中 α, β, γ 是商数. 差数
$$a - b = (\alpha - \beta)d, a - c = (\alpha - \gamma)d$$
$$b - c = (\beta - \gamma)d$$
刚好被 d 除尽. 而且,由于 $(a-b) - (a-c) + (b-c) = 0$,任意两个差数的公共因子 d 也是第三个差数的因子. 所以任意两个差数的 G. C. D. (最大公因子)就是这样的一个最大整数,当它去除原有的三个数 a, b 及 c 时,都剩下相同的余数.

在本问题中,找寻两个差数
$$13\,903 - 13\,511 = 392 = 7^2 \times 2^3$$
和
$$14\,589 - 13\,903 = 686 = 7^3 \times 2$$
的 G. C. D.;从观察得知,它是 $7^2 \times 2 = 98$.

答案:(C).

35. 设 X 为每年的退休金,而 y 为服务年数. 于是,以 k 为比例常数,题目的陈述给出下列三个方程(其平方在它们底下)
$$X = k\sqrt{y}, X + p = k\sqrt{y+a}, X + q = k\sqrt{y+b}$$
$$X^2 = k^2 y, (X+p)^2 = k^2(y+a), (X+q)^2 = k^2(y+b)$$

在最后两个方程中,以 X^2 取代 k^2y,化简后,得
$2pX + p^2 = k^2a$ 和 $2qX + q^2 = k^2b$ 以第二个方程除第一个,求解 X

$$\frac{2pX + p^2}{2qX + q^2} = \frac{a}{b}, X = \frac{aq^2 - bp^2}{2(bp - aq)}$$

注意到当 $bp = aq$ 时,X 并未有定义;但在这时候,前一对方程分别乘以 q 和 p,得 $2pqX + p^2q = k^2aq$ 和 $2pqX + q^2p = k^2bp$ 相减后

$$pq(p-q) = k^2(aq - bp) = k^2 \cdot 0 = 0$$

因此 $pq = 0$ 或 $p - q = 0$. 在前一种情况下,p 或 q 是零,于是 a 或 b 是零. 而第二或第三个原来方程就会恒等于第一个方程. 在第二种情况下,$p = q$,这就要求 $a = b$,同假设矛盾.
答案:(D).

1971 年试题

1 第一部分

1. 数字 $N = 2^{12} \times 5^8$ 中的位数是( ).
   (A) 9 (B) 10 (C) 11
   (D) 12 (E) 20

2. 如果 b 个人要用 c 天去砌 f 块砖,那么 c 个人以同等速度去砌 b 块砖所需用的天数是( ).
   (A) fb^2 (B) $\dfrac{b}{f^2}$ (C) $\dfrac{f^2}{b}$
   (D) $\dfrac{b^2}{f}$ (E) $\dfrac{f}{b^2}$

3. 如果点 $(x, -4)$ 位于 xOy 平面上联结点 $(0,8)$ 和 $(-4,0)$ 的联线上,那么 x 等于( ).
   (A) -2 (B) 2 (C) -8
   (D) 6 (E) -6

4. 一队童军获得年利率为 5% 的两个月单利后,在分会的金库中拥有 \$255.31

第 2 章 1971 年试题

的总数.其所得利息是若干美元加上以下的美分数是(   ).

(A)11 (B)12 (C)13 (D)21

(E)31

5. 点 A, B, Q, D, 及 C 位于图中所示的圆上,而弧 $\overparen{BQ}$ 和 $\overparen{QD}$ 的量度分别为 $42°$ 及 $38°$. $\angle P$ 和 $\angle Q$ 的量度和是(   ).

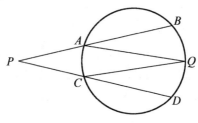

第 5 题图

(A)$80°$ (B)$62°$ (C)$40°$ (D)$46°$

(E)并非上述任何一个

6. 设符号 $*$ 表示一个有关所有非零实数的集 S 的二元运算,其定义如下:对于 S 中任意两个数字 a 和 b,有 $a*b=2ab$. 于是,下列叙述中有一条是不正确的是(   ).

(A)在整个集 S 中 $*$ 是可交换的

(B)在整个集 S 中 $*$ 是可结合的

(C)在集 S 中,对于 $*$ 的单位元是 $\dfrac{1}{2}$

(D)集 S 的每一个元都有对于 $*$ 的逆元

(E)对于集 S 中 a 元的 $*$,其逆元是 $\dfrac{1}{2a}$

7. $2^{-(2k+1)} - 2^{-(2k-1)} + 2^{-2k}$ 等于(   ).

29

(A)2^{-2k} (B)$2^{-(2k-1)}$ (C)$-2^{-(2k+1)}$
(D)0 (E)2

8. $6x^2+5x<4$ 的解集是所有满足下列条件的 x 值的集是( ).

(A)$-2<x<1$ (B)$-\frac{4}{3}<x<\frac{1}{2}$

(C)$-\frac{1}{2}<x<\frac{4}{3}$ (D)$x<\frac{1}{2}$ 或 $x>-\frac{4}{3}$

(E)$x<-\frac{4}{3}$ 或 $x>\frac{1}{2}$

9. 一条不打交叉的带紧紧地绕着两个半径为 14 cm 和 4 cm 的圆形滑轮.如果带同两滑轮的切点间的距离为 24 cm,那么两滑轮的圆心间的距离,以 cm 计是( ).

(A)24 (B)$2\sqrt{119}$ (C)25 (D)26
(E)$4\sqrt{35}$

10. 在一组 50 个女孩子中,每一个人或是金发或黑发的,和蓝眼或棕眼的.如果 14 人是蓝眼金发,31 人是黑发,而 18 人是棕眼,那么,棕眼黑发的数目是( ).

(A)5 (B)7 (C)9 (D)11
(E)13

2 第二部分

11. 在 a 进制中数字 47 同在 b 进制中数字 74 代表同一数字.假定在两个数制中,基数都是正整数,如果

写成罗马数字,$a+b$ 的最小可能值是( ).

(A) XIII   (B) XV   (C) XXI   (D) XXIV

(E) XVI

12. 对于每个整数 $N>1$,都有一个这样的数学体系,其中两个或两个以上的整数被定义为同余的,其条件是它们被 N 除时,剩下同样的非负余数. 如果 69,90 和 125 在某个这样的系统中都是同余的,那么在同一系统中,81 是同余于( ).

(A) 3   (B) 4   (C) 5   (D) 7

(E) 8

13. 如果计算 $(1.0025)^{10}$ 准确至小数点后 5 位数字,那么第五位小数是( ).

(A) 0   (B) 1   (C) 2   (D) 5

(E) 8

14. 数字 $(2^{48}-1)$ 可以刚好被两个在 60 和 70 之间的数除尽. 这两个数是( ).

(A) 61,63   (B) 61,65   (C) 63,65   (D) 63,67

(E) 67,69

15. 在一水平桌面上有一个水族箱,具有长方形的侧面,宽 10 cm,高 8 cm. 在把它倾斜时,其中的水刚好浸过它 8×10 的一端,但只浸过其长方形底部的四分之三. 当箱底回放至水平时,水面的高度是( ).

(A) $2\dfrac{1}{2}$ cm   (B) 3 cm

(C) $3\dfrac{1}{4}$ cm   (D) $3\dfrac{1}{2}$ cm

(E) 4 cm

16. 在计算出 35 个分数的平均数后,一个学生不小心地将这个平均数同 35 个分数混在一起,同时找出这 36 个数的平均数. 第二个平均数与真正平均数的比例是( ).

(A)1:1 (B)35:36 (C)36:35 (D)2:1

(E)并非上述任何一个

17. 一个圆盘为 $2n(n>0)$ 个均匀分布的半径和一条割线所分割. 在圆盘中所能分割的非重叠区域的最大数目为( ).

(A)$2n+1$ (B)$2n+2$ (C)$3n-1$ (D)$3n$

(E)$3n+1$

18. 一条河的水流以每小时 3 km 的速度稳定地流动. 一只在静水中以等速行驶的汽艇,驶向下游,然后驶回起点. 除了汽艇在掉头所需的时间,这个航程需时一小时. 驶向下游速率与驶向上游速率的比是( ).

(A)4:3 (B)3:2 (C)5:3 (D)2:1

(E)5:2

19. 直线 $y=mx+1$ 刚好交椭圆 $x^2+4y^2=1$ 于一点,那么 m^2 的值是( ).

(A)$\dfrac{1}{2}$ (B)$\dfrac{2}{3}$ (C)$\dfrac{3}{4}$ (D)$\dfrac{4}{5}$

(E)$\dfrac{5}{6}$

20. 方程 $x^2+2hx=3$ 的根的平方和为 10. h 的绝对值等于( ).

(A)-1 (B)$\dfrac{1}{2}$ (C)$\dfrac{3}{2}$ (D)2

(E)并非上述任何一个

3 第三部分

21. 如果 $\log_2(\log_3(\log_4 x)) = \log_3(\log_4(\log_2 y)) = \log_4(\log_2(\log_3 z)) = 0$,那么 $x+y+z$ 之和数等于( ).

    (A)50　(B)58　(C)89　(D)111
    (E)1 296

22. 如果 w 是方程 $x^3 = 1$ 的其中一个虚根,那么积 $(1-w+w^2)(1+w-w^2)$ 等于( ).

    (A)4　(B)w　(C)2　(D)w^2
    (E)1

23. A 队和 B 队正在进行一系列赛事. 如果两队都有同等机会在任何一局中得胜,而 A 队要胜两局或 B 队要胜三局才能赢这系列赛事,那么有利于 A 队取胜的机比是( ).

    (A)11 比 5　(B)5 比 2　(C)8 比 3　(D)3 比 2
    (E)13 比 6

24. 帕斯卡三角(Pascal's triangle)是正整数的一种排列(见图),其中第一行是 1,第二行是两个 1,每一项首尾都是 1,而任何一行不等于 1 的第 k 个数,是紧接的前一行的第 k 个和第 $k-1$ 个数的和. 前 n 行不是 1 的数的数目与是 1 的数目之比为( ).

    (A)$\dfrac{n^2-n}{2n-1}$　(B)$\dfrac{n^2-n}{4n-2}$　(C)$\dfrac{n^2-2n}{2n-1}$　(D)$\dfrac{n^2-3n+2}{4n-2}$

(E)并非上述任何一个

25. 一个十来岁的男孩子将自己的岁数写在父亲岁数之后.自这个新四位数中,减去他们两人岁数差的绝对值,得到4 289.他们的岁数和是( ).
(A)48　(B)52　(C)56　(D)59
(E)64

26. 如图所示,在△ABC中,点F按比例1∶2分边AC.设E为边BC和AG的交点,其中G是BF的中点.那么点E按下列比例分割边BC的比例是( ).

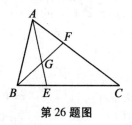

第26题图

(A)1∶4　(B)1∶3　(C)2∶5　(D)4∶11
(E)3∶8

27. 一盒盛有各种颜色的纸片,其中有红的、白的或蓝的.蓝片的数目最少是白片的数目的一半,至多是红片数目的三分之一.白片和蓝片的总数至少是55.红片的数目至少是( ).
(A)24　(B)33　(C)45　(D)54
(E)57

28. 平行于一个三角形的底的9条平行线等分另外的每一条边为10条线段,并将其面积分为10个不同部分.如果最大部分的面积是38,那么原来三角形的面积是( ).
(A)180　(B)190　(C)200　(D)210

(E)240

29. 已知级数 $10^{\frac{1}{11}}, 10^{\frac{2}{11}}, 10^{\frac{3}{11}}, 10^{\frac{4}{11}}, \cdots, 10^{\frac{n}{11}}$. 使得这级数的前 n 项的积能超过 100 000 的最小正整数是( ).

(A)7　　(B)8　　(C)9　　(D)10

(E)11

30. 已知 x 到 $f_1(x) = \dfrac{2x-1}{x+1}$ 的线性分式变换. 定义 $f_{n+1}(x) = f_1(f_n(x))$, 其中 $n = 1, 2, 3, \cdots$ 可以证明 $f_{35} = f_5$; 由此, $f_{28}(x)$ 是( ).

(A)x　　(B)$\dfrac{1}{x}$　　(C)$\dfrac{x-1}{x}$　　(D)$\dfrac{1}{1-x}$

(E)非上述任何一个

4 第四部分

31. 如图所示, 四边形 $ABCD$ 内接于一圆, 边 AD 为一长度为 4 的直径. 如果边 AB 和 BC 各有长度 1, 那么边 CD 的长度是( ).

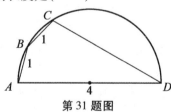

第31题图

(A)$\dfrac{7}{2}$　　(B)$\dfrac{5\sqrt{2}}{2}$　　(C)$\sqrt{11}$　　(D)$\sqrt{13}$

(E)$2\sqrt{3}$

32. 如果 $S=(1+2^{-\frac{1}{32}})(1+2^{-\frac{1}{16}})(1+2^{-\frac{1}{8}})(1+2^{-\frac{1}{4}})$
$(1+2^{-\frac{1}{2}})$,那么 S 等于( ).

(A) $\frac{1}{2}(1-2^{-32})^{-1}$ (B) $(1-2^{-\frac{1}{32}})^{-1}$

(C) $1-2^{-\frac{1}{32}}$ (D) $\frac{1}{2}(1-2^{-\frac{1}{32}})$

(E) $\frac{1}{2}$

33. 如果 P 是几何级数中 n 个量的积,S 是它们的和,S' 是它们的倒数和,如以 S,S' 和 n 表达 P,即为( ).

(A) $(SS')^{\frac{n}{2}}$ (B) $(\frac{S}{S'})^{\frac{n}{2}}$

(C) $(SS')^{n-2}$ (D) $(\frac{S}{S'})^{n}$

(E) $(\frac{S'}{S})^{\frac{(n-1)}{2}}$

34. 一间工厂中一个普通的钟走慢了,使得在一般钟面位置上,每 69 min 分针经过时针(12 h,等等).①超时工资要比原有工资多半倍.一个按照那个慢钟做足 8 h,每小时 \$4.00 的工人应收取的额外工资是( ).

(A) \$2.30 (B) \$2.60 (C) \$2.80 (D) \$3.00
(E) \$3.30

35. 一系列无限个半径递减的圆互相外切,同时切于一

---

① 译注:对一个准确的钟而言,分针经过时针所需的时间也会比 60 min 的时间长一些——小心的读者应立即发现这一点.

个已知直角的两边. 第一个圆的面积同这个系列的其他圆的面积和的比是( ).

(A) $(4+3\sqrt{2}):4$ (B) $9\sqrt{2}:2$

(C) $(16+12\sqrt{2}):1$ (D) $(2+2\sqrt{2}):1$

(E) $(3+2\sqrt{2}):1$

5 答　案

1. (B)　2. (D)　3. (E)　4. (A)　5. (C)　6. (E)
7. (C)　8. (B)　9. (D)　10. (E)　11. (D)
12. (B)　13. (E)　14. (C)　15. (B)　16. (A)
17. (E)　18. (D)　19. (C)　20. (E)　21. (C)
22. (A)　23. (A)　24. (D)　25. (D)　26. (B)
27. (E)　28. (C)　29. (E)　30. (D)　31. (A)
32. (A)　33. (B)　34. (B)　35. (C)

6　1971 年试题解答

1. 已知数字中的因子 2 和 5 是 10 的因子,而当一个数字写成一个 10 次幂的倍数时,要数它的位数就容易了. 据此有

$N = 2^{12} \times 5^8 = 2^4 \times 2^8 \times 5^8 = 2^4(10)^8 = 16 \times 10^8 =$ 1 600 000 000

因此可见 N 是个 10 位数.

答案:(B).

2. 所砌的砖数 x 是同人数 y 和天数 z 联变的: $x = kyz$

已知：当 $y=b$ 和 $z=c$ 时，$x=f$. 因此，$f=kbc$，这决定比例常数 $k=\dfrac{f}{bc}$，于是 $x=\dfrac{fyz}{bc}$. 当砖数 x 是 b，而人数 y 是 c 时，得到 $b=\dfrac{fz}{b}$，由此，天数是 $z=\dfrac{b^2}{f}$.

答案：(D).

3. 如图所示，在 xOy 平面上的一条线上，任意两点的坐标 y 和 x 的差值的比例是保持不变的. 两对点 $(x,-4)$，$(-4,0)$ 和 $(-4,0)$，$(0,8)$ 的比值相等，可得到下列等式

$$\dfrac{0-(-4)}{-4-x}=\dfrac{8-0}{0-(-4)}$$

或 $-\dfrac{4}{x+4}=2$. 所以 $x=-6$.

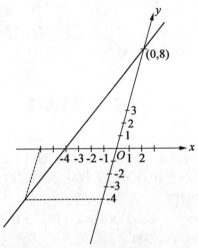

答案：(E). 第3题答案图

4. 设 P, r 及 t 分别代表本金，单利率及年期. 那么已知情况可以写作

第2章 1971年试题

$$255.31 = P + Prt = P(1+rt)$$

其中 Prt 为所得利息. 由于 $r = 0.05, t = \dfrac{1}{6}$

$$1 + rt = 1 + \frac{5}{600} = \frac{605}{600}$$

于是

$$P = \frac{255.31}{1+rt} = \frac{255.31 \times 600}{605}$$

于是

$$rtP = \frac{5}{600}P = \frac{255.31 \times 5}{605} = \frac{255.31}{121} = 2.11$$

于是所得到利息的美分数为 11.

答案:(A).

5. 已知 $\angle P = \dfrac{1}{2}(\overparen{BC} - \overparen{AC})$,及 $\angle Q = \dfrac{1}{2}\overparen{AC}$. 因此

$$\angle P + \angle Q = \frac{1}{2}\overparen{BC} = \frac{1}{2}(42° + 38°) = 40°$$

注意:已知数据迫使 $\angle P$ 和 $\angle Q$ 的量度的和为常数,而其中每个的量度可以改变(见图).

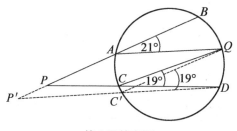

第 5 题答案图

答案:(C).

6. 在集 S 中定义 $a * b = 2ab$.

(A) $*$ 是可交换的,因为 $a * b = 2ab = 2ba = b * a$;

(B) * 是可结合的,因为
$$a*(b*c) = 2a(b*c) = 2a(2bc) = 4abc$$
这等于
$$(a*b)*c = 2(a*b)c = 2(2ab)c = 4abc$$

(C) $\frac{1}{2}$ 是个左单位元,因为对任意 S 中的 a 而言, $\frac{1}{2}*a = 2(\frac{1}{2}a) = a$,而且,$\frac{1}{2}$ 又是个右单位元,因为 * 是可交换的;

(D) S 中每个 a 元有一个左逆元 $l = \frac{1}{4a}$.

因为
$$l*a = \frac{1}{4a}*a = \frac{2}{4a} \cdot a = \frac{1}{2} = 单位元$$

而且,由于 * 是交换的,$a*\frac{1}{4a}$ 也是个单位元 $\frac{1}{2}$,因此 $\frac{1}{4a}$ 也是 a 的一个右逆元;

(E) 元 $\frac{1}{2a}$ 并不是一个 S 中的 a 元的逆元,因为
$$\frac{1}{2a}*a = a*\frac{1}{2a} = 2(\frac{1}{2a})a = 1 \neq \frac{1}{2}$$

因此 (E) 是唯一不正确的陈述.

答案:(E).

7. 已知式子
$$2^{-(2k+1)} - 2^{-(2k-1)} + 2^{-2k}$$
$$= 2^{-2k-1} - 2^{-2k+1} + 2^{-2k}$$
$$= 2^{-2k} \times 2^{-1} - 2^{-2k} \times 2 + 2^{-2k} \times 1$$
$$= 2^{-2k}(\frac{1}{2} - 2 + 1)$$

第2章 1971年试题

$$= 2^{-2k}(-\frac{1}{2})$$
$$= -2^{-2k}2^{-1} = -2^{-2k-1}$$
$$= -2^{-(2k+1)}$$

即选项(C).

注:取 $k=0$ 可见(C)是唯一的可能的选项.

答案:(C).

8. 已知条件不等式等价于
$$6x^2+5x-4<0, (3x+4)(2x-1)<0$$
当 $3x+4<0$ 时,有 $x<\dfrac{-4}{3}$,及 $2x-1<\dfrac{-8}{3}-1<0$,
于是两个因子是负数. 当 $2x-1>0$ 时,有 $x>\dfrac{1}{2}$,及
$$3x+4>3(\frac{1}{2})+4>0$$
于是两个因子是正数. 在这两种情况下,它们的积都是正数. 但当 $-\dfrac{4}{3}<x<\dfrac{1}{2}$ 时,有 $3x+4>0$ 及 $2x-1<0$ 这些因子有相反的符号,所以其积,$6x^2+5x-4$ 是负的. 由于无论 $x=-\dfrac{4}{3}$ 或 $x=\dfrac{1}{2}$ 都使此积为0,所以解集包括所有满足 $-\dfrac{4}{3}<x<\dfrac{1}{2}$ 的 x 值.

答案:(B)

9. 考虑两个圆——其圆心为 B 及 S;半径为 R 及 r,分别延伸至长度为 t 的外公切线的切点($r<R$,见图). 从 S 作线段 SD 垂直半径 R 于 D. 于是 △BDS 是个直角三角形,其斜边等于圆心距离 BS,于是有
$$BS^2 = SD^2 + BD^2 = t^2 + (R-r)^2$$
(据毕达哥拉斯定理). 已知 t,R 及 r 分别为 24 cm,

14 cm 和 4 cm，于是有
$$BS^2 = 24^2 + 10^2 = 2^2(12^2 + 5^2) = 2^2 \times 13^2$$
$$BS = 2 \times 13 = 26$$

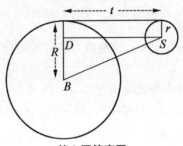

第 9 题答案图

答案：(D).

10. 这个问题(还有许多别的问题)的情况可以用两种互斥性质的出现或不出现来定义. 设 p 和 q 分别表示所有棕眼和所有黑发的女孩子的集，那么 ¬p(非 p)和 ¬q(非 q)分别是蓝眼和金发的女孩子的集. 于是刚好有四种基本的交集：棕眼黑发，棕眼金发，蓝眼黑发和蓝眼金发，分别以积 pq，$p(¬q)$，$(¬p)q$，$(¬p)(¬q)$，表示，其中各有 x,y,z,w 个女孩子. 由于基本集是不相交的，已知情况可以用四个方程表达出来

$$x+y+z+w=50, w=14$$
$$x+z=31, x+y=18$$

加起最后三个方程，然后减去第一个，可以得到所求的棕眼黑发女孩子的数目 x

$$x = [w+(x+z)+(x+y)] - (x+y+z+w)$$
$$= (14+31+18) - 50 = 13$$

答案：(E).

第2章 1971年试题

11. 首先,基数 a 和 b 一定要超过7才可能表示47或74. 已知数字
$$(47)_a = 4a+7, (74)_b = 7b+4$$
是相等的,因而有:$4a+7 = 7b+4$,即 $7b-4a = 3$. 最后的方程的其中一解很明显是 $(a,b) = (1,1)$,于是所有的整数解都可由 $(a,b) = (1+7t, 1+4t)$ 得出,其中 t 可以为任意整数. 当 $t=2$ 时,使得 a 和 b 成为大于7的最小解. 因此 $(a,b) = (1+7\times 2, 1+4\times 2) = (15,9)$ 就使和数 $a+b = 15+9 = 24$ 为最小. 代表24的罗马数字是XXIV,即选项(D). 观察
$$(67)_{10} = (47)_{15} = (74)_9$$
可以校对结果.

答案:(D).

12. 数字 N,一般称为该系统的模数,是任意两个同余数的差的真因子. 因为如果 a 和 b 是同余的 $(\mod N)$,则它们在被 N 除时,具有同样的余数,于是有 $a = kN+r, b = lN+r$,而 $a-b = (k-l)N$. 在这个问题中,$N = 7$,因为差数 $90-69 = 21, 125-90 = 35$,及 $125-69 = 56$ 都可以被7除尽,而此外再没有别的公因子. 现在 $81 = 11\times 7+4$,于是81同余于4,mod 7.

注:"同余,mod N"是一个等价关系,它将所有整数分割为 N 个不相交的等价的组,并对应于被 N 除时,所余下的 N 个可能的余数 $0,1,2,\cdots,N-1$. 对于 $N=7$(或其他任何质数模数)而言,这体系是一个"域",在其中永远可用任意一个不同余于零的整数去除任何整数. 商 $\dfrac{a}{b}$ 定义为同余式 $bx \equiv a(\mod N)$

的解 x. 例如,商数 $\dfrac{8!}{125}$,其中 $N=7$,是由 $125x \equiv 81 \pmod 7$ 所给出的,化简后,它变为 $x \equiv 3 \pmod 7$.

答案:(B).

13. 将 1.002 5 写成和数 $1+0.0025$,同时发现二项展式的项

$$(1+0.0025)^{10}$$
$$=1+10(0.0025)+$$
$$\dfrac{10\times 9}{1\times 2}(0.0025)^2+$$
$$\dfrac{10\times 9\times 8}{1\times 2\times 3}(0.0025)^3+\cdots$$
$$=1+0.025+0.00028125+0.000001875+R$$
$$=1.025283125+R$$

快速地下降,仅首四项能影响和数的头五个小数位. 为此,必须估计

$$R = \sum_{k=4}^{10}\binom{10}{k}b^k①$$

其中 b 代表

$$0.0025=\dfrac{1}{2^2\times 10^2}<1, \binom{10}{k}=\dfrac{10!}{k!(10-k)!}$$

代表 $(1+10)^{10}$ 的展开式的 x^k 系数. 首先看到

$$\sum_{k=0}^{10}\binom{10}{k}=(1+1)^{20}=2^{10}$$

以及和数中所有的项都是正的

---

① 符号 $\sum_{i=1}^{n}a_i$ 代表 $a_1+a_2+\cdots+a_n$

$$R = \sum_{k=4}^{10} \binom{10}{k} b^k < b^4 \sum_{k=4}^{10} \binom{10}{k} (因为 \ 0 < b < 1)$$

$$< b^4 \sum_{k=4}^{10} \binom{10}{k} (我们已经补上和数)$$

$$= b^4 \times 2^{10}$$

于是

$$R < \frac{2^{10}}{2^8 10^8} = \frac{2^2}{10^8} = 0.000\ 000\ 04$$

因此 $(1.002\ 5)^{10} \approx 1.025\ 28$,准确至 5 位小数. 第五个小数位是数字 8.

注:为了求出一个幂数 x^n,通常方便的方法是先写出 $x = A + B$(其中 $B < A$),再用乘积

$$A^n \cdot \left\{ 二项展式 (1 + \frac{B}{A})^n 的头几项 \right\}$$

近似地代替

$$x^n = (A+B)^n = A^n (1 + \frac{B}{A})^n$$

其中产生的误差是很容易估计的.

答案:(E).

14. 由直接分解,可见 63 和 65 都是该数的因子. 于是

$$2^{48} - 1 = (2^{24} - 1)(2^{24} + 1)$$
$$= (2^{12} - 1)(2^{12} + 1)(2^{24} + 1)$$
$$= (2^6 - 1)(2^6 + 1)(2^{12} + 1)(2^{24} + 1)$$
$$= 63 \times 65 (2^{12} + 1)(2^{24} + 1)$$

答案:(C).

15. 当箱底为水平时,设 u cm 和 h cm 分别为箱底的长度和水深. 于是,形状为长方体的水的体积是 $10ku$ cm³. 当水族箱倾斜时,其中水变成一个三角棱柱,高 10 cm,底为一个直角三角形,其体积是

$$10 \cdot \frac{1}{2} \cdot 8(\frac{3}{4}u) = 10 \cdot 3u \ (\text{cm}^3)$$

由这两个式子相等,给出,$10uh = 10 \cdot 3u$,于是 $h = 3$,所以当箱底为水平时,水的深度是 3 cm.

答案:(B).

16. 设 35 个分数为 $x_1, x_2, x_3, \cdots, x_{35}$,而其平均为 $\bar{x}$. 于是所有 36 个数的平均 A 是

$$A = \frac{1}{36}(35\bar{x} + \bar{x}) = \frac{1}{36}(36\bar{x}) = \bar{x}$$

而所求的比例是 $\dfrac{A}{\bar{x}} = 1$.

答案:(A).

17. 设圆心为 O(见图),令半径 $r_1, r_2, r_3, \cdots, r_{2n}$ 等分弧 $a_1, a_2, a_3, \cdots, a_{2n}$. 在不失一般性的条件下,取 r_{2n} 指向右方,并从 r_{2n} 开始依逆时针方向进行等分弧. 设 P 和 Q 分别为半径 r_1 和 r_n 的内点. 于是 POQ 是一个三角形,其底边 PQ 是割线 ST 的一段,此割线 ST 截弧 a_1 于 S,截弧 a_{n+1} 于 T. 线段 PQ 将每个($n-1$)个扇形都分为两部分,这些扇形的弧分别为 $a_2, a_3, \cdots, a_n$. 线段 PS 与 QT 将弧 a_1 和 a_{n+1} 的两个相对的扇形分为两部分. 总之,在 $2n$ 个非重叠的扇形中,有 $(n-1) + 2 = n+1$ 个被一分为二,并给出总数为 $2n + (n+1) = 3n+1$ 个区域. 这是最大的数目,因为 $2n$ 条半径组成 n 条直线,而这些直线最多只能在一条割线(直线)上截 n 个点.

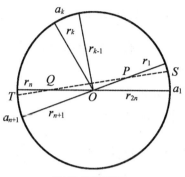

第17题答案图

答案:(E).

18. 设 v 为汽艇在静水中的速度,单位为 km/h. 那么,驶向下游 4 km 然后回程所需的时间(距离/速度),总共为 1 h,可列出方程

$$\frac{4}{v+3}+\frac{4}{v-3}=1$$

因为水流速度是每小时 3 km. 两边乘以 $(v+3)(v-3)$,化简后,得 $v^2-8v-9=(v-9)(v+1)=0$,$v=9$($v=-1$ 必须舍弃). 由于驶向下游的速度是 $v+3=9+3=12$,而驶向上游的速率是 $v-3=9-3=6$,所以它们的比是 2∶1.

答案:(D).

19. 直线同椭圆的交点的 x 值是二次方程的解
$x^2+4(mx+1)^2=1$ 或 $(1+4m^2)x^2+8mx+3=0$
这是在椭圆方程 $x^2+4y^2=1$ 中以 $mx+1$ 取代 y 所得. 只有一个交点这个条件意味着这个二次方程只有一个根,即是说它的判别式是 0. 即是
$$(8m)^2-4(1+4m^2)\cdot 3=0$$

化简得 $m^2 = \dfrac{3}{4}$,即选项(C).顺便一提,有两个交点或没有交点的条件分别是判别式为正或负数.

答案:(C).

20. 已知方程等价于 $x^2 + 2hx - 3 = 0$,以 r 和 s 代表其根,得到
$$(x-r)(x-s) = x^2 - (r+s)x + rs = x^2 + 2hx - 3 = 0$$
于是根的和及积分别为
$$r + s = -2h, rs = -3$$
如果将第一个关系平方,然后以已知值 10 取代 $r^2 + s^2$,以值 -3 代 rs,得到
$$(r+s)^2 = r^2 + 2rs + s^2 = 10 + 2(-3) = 4 = (-2h)^2$$
$$= 4h^2$$
于是 $h^2 = 1, |h| = 1$. 由于在选项(A)~(D)中没有 1,所以陈述(E)是正确的.

答案:(E).

21. 由于对任何底 $b \neq 0$,只有 $N = 1$ 才有 $\log_b N = 0$,由已知方程给出
$$\log_3(\log_4 x) = \log_4(\log_2 y) = \log_2(\log_3 z) = 1$$
而且,只有 $M = b$ 时,$\log_b M = 1$,就有
$$\log_4 x = 3, \log_2 y = 4, \log_3 z = 2$$
即:$x = 4^3, y = 2^4, z = 3^2$,这些结果相加得
$$x + y + z = 4^3 + 2^4 + 3^2 = 64 + 16 + 9 = 89$$

答案:(C).

22. $x^3 - 1 = 0$ 等价于 $x^3 = 1$,分解得,$(x-1)(x^2 + x + 1) = 0$,于是有 $x - 1 = 0$ 或 $x^2 + x + 1 = 0$. 由于 w 是虚数,$w - 1 \neq 0$. 于是有 $w^2 + w + 1 = 0$,因此
$$w^2 + 1 = -w, w + 1 = -w^2$$

48

第 2 章 1971 年试题

运用这些等式去化简已知积得

$$(1-w+w^2)(1+w-w^2) = (-w-w)(-w^2-w^2)$$
$$= (-2w)(-2w^2) = 4w^3$$

但 w 是 $x^3=1$ 的一个根,于是 $w^3=1, 4w^3=4$.

答案:(A).

23. 只要胜两局,或在得胜一局的情况下,在第三或第四局取胜,A 队就可以赢得这项比赛.六种得胜的可能的序列是 $AA(\frac{1}{4})$,$BAA(\frac{1}{8})$,$ABA(\frac{1}{8})$,$BBAA(\frac{1}{16})$,$BABA(\frac{1}{16})$,和 $ABBA(\frac{1}{16})$,每序列后附有其出现的概率.由于这些序列是互斥的,其概率和,即 $\frac{11}{16}$,就是 A 取胜的概率.现在,具有概率 P 的单独事件出现的机比定义为比例 $\frac{P}{1-P}$;因此对 A 有利的机比是 11 比 5.

我们可以计算 B 队得胜的余机比 5 比 11 以检验上述计算;这种情况可以出现在 B 胜所有三局,或在首三局中得胜两局后,再在第四局中取胜.B 得胜的四种可能序列是 $BBB(\frac{1}{4})$,$ABBB(\frac{1}{16})$,$BABB(\frac{1}{16})$ 和 $BBAB(\frac{1}{16})$,每种情况都附以它出现的概率,有利于 B 队得胜的总概率为 $\frac{5}{16}$(因而机比为 5 比 11).这个机比的倒数给出 11 比 5 的余机比,正好是有利于 A 队得胜的机比,这和上面计算的一样.

答案:(A).

24. 在第1,第2,第3,⋯,第 n 行中有1,2,3,⋯,n 个整数,因而有总数[①]为

$$1+2+3+\cdots+n=\frac{1}{2}n(n+1)$$

个整数于前 n 行中. 由于除了第一行只有一个1,其他每行都有两个1,前 n 行的1的数目为 $2n-1$. 因此,不是1的整数的数目是

$$\frac{1}{2}n(n+1)-(2n-1)=\frac{1}{2}(n^2-3n+2)$$

这个数目和 $2n-1$ 个1的数目的比是

$$\frac{\frac{1}{2}(n^2-3n+2)}{2n-1}=\frac{n^2-3n+2}{4n-2}$$

或在第1,第2,第3,第4,⋯,第 n 行中,可见到不是1的整数的数目分别为 $0,0,1,2,\cdots,(n-2)$,其总和是

$$0+0+1+2+\cdots+(n-2)=\frac{1}{2}(n-2)(n-1)$$
$$=\frac{1}{2}(n^2-3n+2)$$

于是这个总和同 $2n-1$ 个1的数目的比是

$$\frac{n^2-3n+2}{4n-2}$$

如前所述.
答案:(D).

25. 设 b 和 f 分别代表孩子同他父亲的年岁. 由题意引出: $100f+b-(f-b)=4\,289$,即 $99f+2b=4\,289$,即

---

① 见1969年试题解答 No.9 的注.

$99f = 4257 + 32 - 2b$,即 $f - 43 = \dfrac{32 - 2b}{99}$. 假如现时父亲的岁数是 43. 那么 $2b = 32, b = 16$,于是孩子的确是十来岁.

如果 $f \geqslant 44$,则 $\dfrac{32 - 2b}{99} \geqslant 1$,于是 $b < 0$,这是不可能的.

如果 $f \leqslant 42$,则 $\dfrac{32 - 2b}{99} \leqslant -1$,我们由此得 $32 - 2b \leqslant -99$,即 $2b \geqslant 131$. 于是 $b > 65$,这当然不会是十来岁. 于是唯一适合题目的条件的解是 $f = 43, b = 16$. 于是 $f + b = 59$.

注:如用同余式(见本 1971 年题目问题 12 的题解)的方法去解,如下所述:

除去 9——方程 $99f + 2b = 4289$ 化简为 $0 + 2b \equiv 5 (\bmod 9)$ 于是 $2b \equiv 5 (\bmod 9)$,即 $b \equiv 7 (\bmod 9)$. 于是 b 是 $7, 16, 25, 34, \cdots$ 中的一个,其中只有 16 是十来岁.

除去 11——方程 $99f + 2b = 4289$ 化简为 $0 + 2b \equiv 10 (\bmod 11)$,$b \equiv 5 (\bmod 11)$,于是 b 是 $5, 16, 27, \cdots$ 中的一个,其中只有 16 是十来岁.

在 $99f + 2b = 4289$ 中,以 16 取代 b,得 $99f = 4257 = 99 \times 43, f = 43$.

答案:(D).

26. 作 FH 平行于直线 AGE(见图). 于是 $BE = EH$,因为 $BG = GF$,而 GE 平行于 $\triangle HFB$ 的底 HF 并按比例地分割另外两边. 按同样推理施于 $\triangle AEC$,其中直线 FH 平行于底 AE,已知 $HC = 2EH$,因为 $FC = 2AF$ 是已知的. 因此 $EC = EH + HC = 3EH = 3BE$,于

是 E 按比例 $1:3$ 分割边 BC.

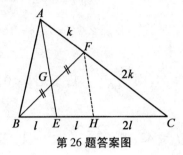

第26题答案图

答案:(B).

27. 设 r,w 和 b 分别代表红,白和蓝纸片的数目. 已知 $\frac{1}{2}w \leq b \leq \frac{1}{3}r$,和 $55 \leq w+b$. 因而有 $w \leq 2b, 55 \leq 2b+b=3b$. 因此 $b \geq \frac{55}{3}=18\frac{1}{3}$,又由于 b 是个整数,这意味着 $b \geq 19$. 但由假设知,$r \geq 3b$. 因此 $r \geq 57$.

答案:(E).

28. 设 b 和 h 分别代表已知三角形的底和高的长度. 那么三角形所分成的十分中最大的一分是一个梯形,高长为 $0.1h$,平行两底的长是 b 和 $0.9b$. 这个最大部分的已知面积是

$$\frac{1}{2}(0.1h)(b+0.9b)=0.19\left(\frac{1}{2}bh\right)=38$$

由此,已知三角形的面积是 $\frac{1}{2}bh=200$.

答案:(C).

29. 已知级数(见1969年试题解答第9题的注)的首 n 项积是 $10^{\frac{1}{11}} \times 10^{\frac{2}{11}} \times 10^{\frac{3}{11}} \times \cdots \times 10^{\frac{n}{11}} = 10^{\frac{1+2+3+\cdots+n}{11}} = 10^{\frac{n(n+1)}{22}}$

第 2 章　1971 年试题

只有指数 $\dfrac{n(n+1)}{22}$ 超过 5，即 $n(n+1)>110$ 时，这个数超过 $100\,000=10^5$. 由于只要 $n\leqslant 10$，就有 $n(n+1)\leqslant 110$，所求最小整数 n 是 11.

答案：(E).

30. 设 g 为变换 f_1 的逆变换；那么 $f_1[g]=g[f_1]$ 是个恒等变换，而 $g[f_{n+1}(x)]=g[f_1(f_n(x))]=f_n(x)$，重复使用 g^k 次，得

$$g(g(g(\cdots(f_{n+1}(x))\cdots)))=g^k f_{n+1}(x)=f_{n+1-k}(x)$$

在已知恒等式 $f_{35}(x)=f_5(x)$ 中应用 g 五次，得

$$g^5 f_{35}(x)=f_{30}(x)=g^5 f_5(x)=x$$

于是 f_{30} 是个恒等映射. 因此

$$f_{28}(x)=g^2\{f_{30}(x)\}=g^2(x)=g[g(x)]$$

因为 $f_1[g(x)]=\dfrac{2g(x)-1}{g(x)+1}=x$，所以 $g(x)=\dfrac{x+1}{2-x}$

同时

$$g^2(x)=g[g(x)]=\dfrac{g+1}{2-g}=\dfrac{\dfrac{x+1}{2-x}+1}{2-\dfrac{x+1}{2-x}}=\dfrac{x+1+2-x}{4-2x-x-1}$$

$$=\dfrac{3}{3-3x}=\dfrac{1}{1-x}$$

答案：(D).

31. 半径 OB 垂直平分弦 AC 于点 G. 由于 CD 也同 AC 成一直角，$CD \parallel BO$. $\angle ADB$ 和 $\angle BAG$ 是相等的，因为它们都是由等弧 AB 和 BC 的一半所量度. 因此 Rt$\triangle ABD$ 和 BGA 是相似的，有 $\dfrac{BG}{AB}=\dfrac{AB}{AD}$，于是 $BG=\dfrac{1}{4}$ 而 $OG=OB-BG=2-\dfrac{1}{4}=\dfrac{7}{4}$. 因为 $CD \parallel GO$，

$\dfrac{CD}{GO} = \dfrac{AD}{AO} = 2$，所以

$$CD = 2 \times \dfrac{7}{4} = \dfrac{7}{2}$$

别解：以 α 表示 ∠ADB；于是 ∠ADC = 2α. 用 Rt△ABD 和 ACD，可得

$$\sin\alpha = \dfrac{1}{4}, \cos 2\alpha = \cos^2\alpha - \sin^2\alpha = 1 - 2\sin^2\alpha = \dfrac{CD}{4}$$

所以 $CD = 4(1 - 2 \times \dfrac{1}{16}) = 4 - \dfrac{1}{2} = \dfrac{7}{2}$.

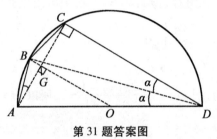

第31题答案图

答案：(A).

32. 写成因子分解形式

$$1 - x^{32} = (1-x)(1+x)(1+x^2)(1+x^4)(1+x^8)(1+x^{16})$$

当取 $x = 2^{-\frac{1}{32}}$ 时，这个等式变成 $1 - 2^{-1} = (1 - 2^{-\frac{1}{32}})S$，由此 $S = \dfrac{1}{2}(1 - 2^{-\frac{1}{32}})^{-1}$.

注意：在计算积

$$(1+x)(1+x^2)(1+x^4)(1+x^8)(1+x^{16})$$

时，从每个括号中取出一数，然后相乘得出所有的项，从而找出各项的和数

$$1^5 + 1^4 x + 1^4 x^2 + 1^2 x \cdot x^2 + \cdots + x^{1+2+4+\cdots+16}$$

此和数包括 x^k 项，其中 k 为所有能写成从零次幂

至四次幂的不同的2的幂数和.但由二进制系统的性质,每个整数k,其中$0 \leqslant k \leqslant 31$,都有这样的唯一表达式.因此,上述积等于

$$1 + x + x^2 + x^4 + \cdots + x^{31}$$

而这个几何级数具有数值$\frac{1-x^{32}}{1-x}$,因此$1 - x^{32} = (1-x) \cdot$已知积.这在若干程度上启发出上述解法.

答案:(A).

33. 以$a, ar, ar^2, \cdots, ar^{n-1}$表示$n$个几何级数的量,其积是由下给出①

$$P = a \cdot ar \cdot ar^2 \cdots ar^{n-1} = a^n r^{1+2+\cdots+n-1} = a^n r^{\frac{n(n-1)}{2}}$$

n个量的和数是

$$S = a + ar + ar^2 + \cdots + ar^{n-1} = \frac{a(1-r^n)}{1-r}$$

这n个量的倒数和是

$$S' = \frac{1}{a} + \frac{1}{ar} + \cdots + \frac{1}{ar^{n-1}} = \frac{1}{a} \cdot \frac{1-r^{-n}}{1-r^{-1}}$$

$$= \frac{1}{a} \cdot \frac{1}{r^{n-1}} \cdot \frac{1-r^n}{1-r}$$

S和S'的商是S同S'的倒数的积

$$\frac{S}{S'} = \frac{a(1-r^n)}{1-r} \cdot \frac{ar^{n-1}(1-r)}{1-r^n} = a^2 r^{n-1}$$

如果将这个量开$\frac{n}{2}$幂,就得到

$$\frac{S}{S'}^{\frac{n}{2}} = (a^2 r^{n-1})^{\frac{n}{2}} = a^n r^{n(n-1)2} = P$$

答案:(B).

---

① 见1969年试题解答第9题的注.

34. 在一个准确的钟中,分针每分移动 $6°$,时针每分移动 $\frac{1}{2}°$. 假设开始时两针重叠, x min 后, 两针分别走了 $6x$ 和 $\frac{x}{2}$ 度, 当 $6x - 360° = \frac{x}{2}$, 即 $x = \frac{720}{11} = 65\frac{5}{11}$ (min) 时, 它们会再重叠在一起. 于是慢钟所指示的时间同真正时间的比是

$$\frac{\frac{720}{11}}{69} = \frac{720}{11 \times 69} = \frac{240}{11 \times 23} = \frac{240}{253}$$

当慢钟指示出 8 h = 480 min 时, 真实的时间 t 可以得自

$$\frac{480}{t} = \frac{240}{253}, t = \frac{480}{240} \times 253 = 2 \times 253 = 506 = 480 + 26$$

于是在这八小时的错误记录上, 有 26 min 的时间损失. 超时工资是每小时 \$4 的一倍半, 即每小时 \$6, 或每分钟 10 美分, 26 min 的额外工资应为 \$2.60.

或: 可以看到慢钟的 12 h = 11 × 69 min = 12h + 39 min. 因此慢钟的 8 h = 8 h + 26 min. 于是慢钟损失了 26 min, 而额外工资应为 \$2.60, 如前所述.

答案:(B).

35. 设 O 为已知直角的顶点(见图), C 和 C' 分别是无限序列中任意相邻的大小两圆的圆心, r 和 $r'(r > r')$ 为其半径. 设 CS 和 $C'S'$ 为垂直于直角的一边的半径. 于是 $\triangle OCS$ 和 $\triangle OC'S'$ 是等腰直角三角形, 而 $OC = \sqrt{2}r, OC' = \sqrt{2}r'$. 而且, 从 O 到两圆相切的点的距离是, $OC - r = \sqrt{2}r - r = (\sqrt{2} - 1)r$, 以 r 表示; 和 $OC' + r' = \sqrt{2}r' + r' = (\sqrt{2} + 1)r'$, 以 r' 表示. 将这些

等式相等起来,得到
$$(\sqrt{2}+1)r' = (\sqrt{2}-1)r$$
于是 $\dfrac{r'}{r} = \dfrac{\sqrt{2}-1}{\sqrt{2}+1} = (\sqrt{2}-1)^2$. 此外顺利可见到 $\sqrt{2}-1$ 和 $\sqrt{2}+1$ 是互为倒数的,即
$$(\sqrt{2}-1)(\sqrt{2}+1) = 1$$

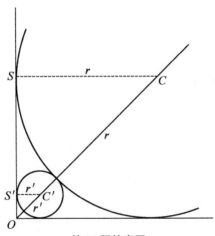

第35题答案图

于是两个相邻的圆的面积比是它们的半径比的平方
$$\frac{\pi r'^2}{\pi r^2} = \left(\frac{r'}{r}\right)^2 = (\sqrt{2}-1)^4$$

如果 A 是第一个圆的面积,所有其他跟着的圆的面积和是
$$A[(\sqrt{2}-1)^4 + (\sqrt{2}-1)^8 + (\sqrt{2}-1)^{12} + \cdots]$$
$$= A\frac{(\sqrt{2}-1)^4}{1-(\sqrt{2}-1)^4} = \frac{A}{(\sqrt{2}+1)^4 - 1}$$

所求的面积比是

$$A : \frac{A}{(\sqrt{2}+1)^4 - 1} = [(\sqrt{2}+1)^4 - 1] : 1$$

$$= (16 + 12\sqrt{2}) : 1$$

答案:(C).

1972 年试题

第 3 章

1 第一部分

1. 四个三角形 Ⅰ,Ⅱ,Ⅲ 和 Ⅳ 的每个边长如下(单位为 cm):
   Ⅰ. 3,4 和 5　　Ⅱ. 7,24 和 25
   Ⅲ. 4, $7\frac{1}{2}$ 和 $8\frac{1}{2}$　　Ⅳ. $3\frac{1}{2}$, $4\frac{1}{2}$ 和 $5\frac{1}{2}$
   这四个已知三角形中,直角三角形是( ).
   (A) Ⅰ 和 Ⅱ　　(B) Ⅰ 和 Ⅲ
   (C) Ⅰ 和 Ⅳ　　(D) Ⅰ,Ⅱ 和 Ⅲ
   (E) Ⅰ,Ⅱ 和 Ⅳ

2. 如果一个商人能以 9.2 折获得货物,但仍保持他的卖出价不变,他基于成本的利润①,就会从现在的 $x\%$ 增至 $(x+10)\%$. 他目前的利润是( ).
   (A) 12%　　(B) 15%　　(C) 30%

---

① 基于成本的利润即是: $\frac{r}{100}\cdot$ 成本.

(D)50%   (E)75%

3. 如果 $x = \dfrac{1-i\sqrt{3}}{2}$,其中 $i = \sqrt{-1}$,那么 $\dfrac{1}{x^2-x}$ 等于(　　).

(A)-2　　(B)-1　　(C)$1+i\sqrt{3}$

(D)1　　(E)2

4. $\{1,2\} \subseteq X \subseteq \{1,2,3,4,5\}$,其中 X 是个集,其解的数目是(　　).

(A)2　　(B)4　　(C)6

(D)8　　(E)并非上述任何一个

5. 在 $2^{\frac{1}{2}}, 3^{\frac{1}{3}}, 8^{\frac{1}{8}}, 9^{\frac{1}{9}}$ 序列中,最大项和次最大项依次是(　　).

(A)$3^{\frac{1}{3}}, 2^{\frac{1}{2}}$　　(B)$3^{\frac{1}{3}}, 8^{\frac{1}{8}}$　　(C)$3^{\frac{1}{3}}, 9^{\frac{1}{9}}$

(D)$8^{\frac{1}{8}}, 9^{\frac{1}{9}}$　　(E)并非上述任何一个

6. 如果 $3^{2x}+9 = 10(3^x)$,那么 x^2+1 的值是(　　).

(A)1　　(B)5　　(C)1 或 5

(D)2　　(E)10

7. 如果 $yz:zx:xy = 1:2:3$,那么 $\dfrac{x}{yz}:\dfrac{y}{zx}$ 等于(　　).

(A)$3:2$　　(B)$1:2$　　(C)$1:4$

(D)$2:1$　　(E)$4:1$

8. 如果 $|x - \log y| = x + \log y$,其中 x 和 $\log y$ 是实数,则(　　).

(A)$x=0$　　(B)$y=1$　　(C)$x=0$ 和 $y=1$

(D)$x(y-1)=0$　　(E)并非上述任何一个情况

9. 甲和乙都买了一套相同的信笺盒.甲用它写一页纸的信,而乙用它写三页纸的信.甲用完了所有的信封

但剩下五十张信纸,而乙用完了所有的信纸,剩下五十个信封. 问每一套信笔盒中有多少信纸( ).
(A)150　　　(B)125　　　(C)120
(D)100　　　(E)80

10. 对于实数 x, 不等式 $1 \leqslant |x-2| \leqslant 7$ 等价于( ).
(A)$x \leqslant 1$ 或 $x \geqslant 3$ (B)$1 \leqslant x \leqslant 3$ (C)$-5 \leqslant x \leqslant 9$
(D)$-5 \leqslant x \leqslant 1$ 或 $3 \leqslant x \leqslant 9$
(E)$-6 \leqslant x \leqslant 1$ 或 $3 \leqslant x \leqslant 10$

2　第二部分

11. 能使下列这对方程
$$x^2 + y^2 - 16 = 0 \text{ 及 } x^2 - 3y + 12 = 0$$
具有相同的实解的 y 值是( ).
(A)只能为 4　(B)$-7, 4$　　　(C)$0, 4$
(D)无一个 y 值　　　　(E)所有的 y 值

12. 一个正立方体的体积的立方米数同其表面积的平方厘米数一样. 单位为 m 的边长是( ).
(A)$6 \times 10\,000$　(B)$8\,640$　　(C)$1\,728$
(D)$6 \times 1\,728$　(E)$2\,304$

13. 在边长为 12 cm 的正方形 $ABCD$ 内(见图), 画线段 AE, 其中 E 是 DC 上的一点, 离 D 有 5 cm. 画 AE 的中垂线, 分别交 AE, AD 和 BC 于点 M, P 和 Q, 线段 PM 比 MQ 是( ).

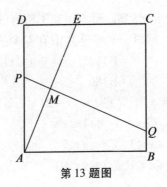

第13题图

(A)5:12 (B)5:13 (C)5:19
(D)1:4   (E)5:21

14. 一个三角形有角30°和45°. 如果45°角的对边长度为8,那么30°角对边的长度为(   ).

(A)4 (B)$4\sqrt{2}$ (C)$4\sqrt{3}$
(D)$4\sqrt{6}$ (E)6

15. 一位承建商估计他的两位砌砖工人之一要用9 h去筑某一面墙,而另一个则需10 h. 然而,凭经验,他知道当他们合作时,他们的共同工作量会降至每小时少砌10块砖. 但由于赶时间,他使两人在一起工作,因而刚好需要5 h去筑好这面墙. 墙中的砖数是(   ).

(A)500 (B)550 (C)900
(D)950 (E)960

16. 在3和9之间插入两个正数,使得前三项数成几何级数,而后三项成算术级数,这两个正数和是(   ).

(A)$13\frac{1}{2}$ (B)$11\frac{1}{4}$ (C)$10\frac{1}{2}$

(D)10   (E)$9\frac{1}{2}$

17. 随机地在某一点上将一条绳切为两段. 较长的一段至少是较短的一段的 x 倍(其中 $x \geq 1$)的概率是( ).

(A)$\frac{1}{2}$ (B)$\frac{2}{x}$ (C)$\frac{1}{x+1}$

(D)$\frac{1}{x}$ (E)$\frac{2}{x+1}$

18. 设 $ABCD$ 为一梯形, 底 AB 是底 DC 的两倍, 又设 E 为其对角线的交点. 如果对角线 AC 的量度是 11, 那么线段 EC 的量度是( ).

(A)$3\frac{2}{3}$ (B)$3\frac{3}{4}$ (C)4

(D)$3\frac{1}{2}$ (E)3

19. 序列

$1, (1+2), (1+2+2^2), \cdots, (1+2+2^2+\cdots+2^{n-1})$

的首 n 项和, 以 n 表示时, 等于( ).

(A)2^n (B)$2^n - n$ (C)$2^{n+1} - n$

(D)$2^{n+1} - n - 2$ (E)$n \cdot 2^n$

20. 如果 $\tan x = \dfrac{2ab}{a^2 - b^2}$ (其中 $a > b > 0$ 及 $0° < x < 90°$), 那么 $\sin x$ 等于( ).

(A)$\dfrac{a}{b}$ (B)$\dfrac{b}{a}$ (C)$\dfrac{\sqrt{a^2 - b^2}}{2a}$

(D)$\dfrac{\sqrt{a^2 - b^2}}{2ab}$ (E)$\dfrac{2ab}{a^2 + b^2}$

3 第三部分

21. 如果图中角 A, B, C, D, E 和 F 的度数和是 $90n$，那么 n 等于( ).

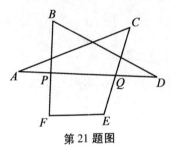

第21题图

(A) 2   (B) 3   (C) 4
(D) 5   (E) 6

22. 如果 $a \pm bi (b \neq 0, i = \sqrt{-1})$ 是方程 $x^3 + qx + r = 0$ 的虚根，其中 a, b, q 和 r 是实数，那么 q，以 a 和 b 表示时，是( ).
(A) $a^2 + b^2$ (B) $2a^2 - b^2$ (C) $b^2 - a^2$
(D) $b^2 - 2a^2$ (E) $b^2 - 3a^2$

23. 能将由三个单位正方形组成的对称图形(见图)包括进去的圆的最小的半径等于( ).

第3章 1972年试题

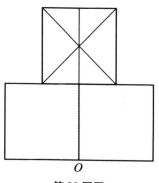

第25题图

(A) $\sqrt{2}$ (B) $\sqrt{1.25}$ (C) 1.25
(D) $\dfrac{5\sqrt{17}}{16}$ (E) 非上述的任何一个

24. 一人以等速行某一段路. 如果他每小时走快 $\dfrac{1}{2}$ km, 他会以五分之四的时间走完这段路; 如果他每小时走慢 $\dfrac{1}{2}$ km, 他就要多走 $2\dfrac{1}{2}$ h. 他所行的距离(以 km 计)是( ).

(A) $13\dfrac{1}{2}$ (B) 15 (C) $17\dfrac{1}{2}$
(D) 20 (E) 25

25. 一个四边形其边长顺次为 25, 39, 52 及 60 并内接于一个圆. 这个圆的直径长度为( ).
(A) 62 (B) 63 (C) 65
(D) 66 (E) 69

26. 如图所示, M 是弧 CAB 的中点, 线段 MP 垂直弦 AB 于 P. 如果弦的长度是 x, 又线段 AP 的长度是 $x+1$, 那么线段 PB 的长度是( ).

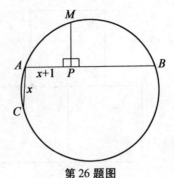

第 26 题图

(A) $3x+2$ (B) $3x+1$ (C) $2x+3$
(D) $2x+2$ (E) $2x+1$

27. 如果 $\triangle ABC$ 的面积是 64 cm^2,而边长 AB 和 AC 间的几何平均数(即比例中项)是 12 cm,那么 $\sin A$ 等于( ).

(A) $\dfrac{\sqrt{3}}{2}$ (B) $\dfrac{3}{5}$ (C) $\dfrac{4}{5}$

(D) $\dfrac{8}{9}$ (E) $\dfrac{15}{17}$

28. 一个直径为 D 的圆盘,放在一个宽为 D 的 8×8 个格子的棋盘上,而且它们的中心重叠在一起.完全被圆盘盖着的棋盘方格数是( ).

(A) 48 (B) 44 (C) 40
(D) 36 (E) 32

29. 如果 $f(x) = \log\left(\dfrac{1+x}{1-x}\right)$,其中 $-1 < x < 1$,那么 $f\left(\dfrac{3x+x^3}{1+3x^2}\right)$,以 $f(x)$ 表示时,是( ).

(A) $-f(x)$ (B) $2f(x)$ (C) $3f(x)$
(D) $[f(x)]^2$ (E) $[f(x)]^3 - f(x)$

30. 将一张 6 cm 阔的长方形纸(如下图)折起来,使得其一角接触到对边. 如折痕的长度 L, 以角 θ 表示, 等于( ).

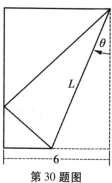

第 30 题图

(A) $3\sec^2\theta\csc\theta$ (B) $6\sin\theta\sec\theta$
(C) $3\sec\theta\csc\theta$ (D) $6\sec\theta\csc^2\theta$
(E) 并非上述任何一个

4 第四部分

31. 当数字 $2^{1\,000}$ 被 13 除时,除后的余数是( ).
    (A) 1   (B) 2   (C) 3
    (D) 7   (E) 11

32. 圆中的弦 AB 和 CD(见图)交于 E,并互相垂直. 如果线段 AE, EB 和 ED 分别有长度 2, 6 和 3,那么圆的直径的长度是( ).

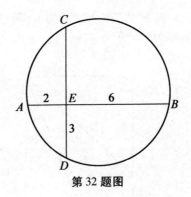

第32题图

(A) $4\sqrt{5}$ (B) $\sqrt{65}$ (C) $2\sqrt{17}$

(D) $3\sqrt{7}$ (E) $6\sqrt{2}$

33. 一个具有非零的不同数值的三倍数(十进制)被其位数的和除时,商的最小值是( ).

(A) 9.7   (B) 10.1   (C) 10.5

(D) 10.9   (E) 20.5

34. 甲年岁的三倍加上乙的年岁,等于丙年岁的两倍.丙年岁的立方的两倍等于甲年岁的立方的三倍加上乙年岁的立方.他们各自的年龄互为素数.他们的年岁的平方和是( ).

(A) 42   (B) 46   (C) 122

(D) 290   (E) 326

35. 如图所示,将边长 AB 为 2 cm 的等边 △ABP 放在一个边长为 4 cm 的正方形 AXYZ 内,使得 B 在边 AX 上.将这个三角形绕着 B 顺时针转动,然后绕 P 而转,然后沿正方形的边作同样的转动,直至 P,A 和 B 全部返回原位.顶点 P 所走的路途的长度等于(以 cm 为单位计算)( ).

第3章 1972年试题

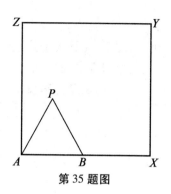

第35题图

(A) $\dfrac{20\pi}{3}$ (B) $\dfrac{32\pi}{3}$ (C) 12π

(D) $\dfrac{40\pi}{3}$ (E) 15π

5 答　案

1.(D)　2.(B)　3.(B)　4.(D)　5.(A)　6.(C)
7.(E)　8.(D)　9.(A)　10.(D)　11.(A)
12.(A)　13.(C)　14.(B)　15.(C)　16.(B)
17.(E)　18.(A)　19.(D)　20.(E)　21.(C)
22.(E)　23.(D)　24.(B)　25.(C)　26.(E)
27.(D)　28.(E)　29.(C)　30.(A)　31.(C)
32.(B)　33.(C)　34.(A)　35.(D)

6　1972年试题解答

1. 一个毕达哥拉斯定理的推广如下,三角形中对着最

69

长的一边的角是锐角、直角、还是钝角,分别视该边的平方是小于、等于、还是大于其他两边的平方和而定. 对已知三角形而言,列出一个表如下:

第 1 题答案表

	边	(最长边)²	>/=/< 平方和	对角
I	3,4,5	25	=9+16	直角
II	4,7$\frac{1}{2}$,8$\frac{1}{2}$	72$\frac{1}{4}$	=16+56$\frac{1}{4}$	直角
III	7,24,25	625	=49+576	直角
IV	3$\frac{1}{2}$,4$\frac{1}{2}$,5$\frac{1}{2}$	30$\frac{1}{4}$	<16$\frac{1}{4}$+20$\frac{1}{4}$	锐角

可见唯有 I, II, 和 III 是直角三角形.

答案:(D).

2. 设 C 为现时的成本,于是 $0.92C$ 是 9.2 折的成本. 由于卖出价是成本加利润,即卖出价 = 成本 + $x\%$ · 成本. 将利润 $x\%$,成本为 C 的卖出价同利润为 $(x+10)\%$,成本为 $0.92C$ 的卖出价等同起来,得

$$C(1+0.01x) = 0.9C[1+0.01(x+10)]$$
$$0.08(0.01x) = 0.012, x = 15$$

答案:(B).

3. 直接计算得出数值

$$x^2 - x = \frac{1}{4}(1-i\sqrt{3})^2 - \frac{1}{2}(1-i\sqrt{3})$$
$$= \frac{1}{4}(-2-2i\sqrt{3}) - \frac{1}{2}(1-i\sqrt{3}) = -1$$

所求的 $x^2 - x$ 的倒数是 -1,即选择项(B).

答案:(B).

第3章 1972年试题

4. 每个适合已知关系的集 X 一定要包含着子集 $\{1,2\}$,同时需是 $\{1,2,3,4,5\}$ 的子集. 这些集 X 是 $\{1,2\},\{1,2,3\},\{1,2,4\},\{1,2,5\},\{1,2,3,4\},\{1,2,3,5\},\{1,2,4,5\}$ 和 $\{1,2,3,4,5\}$. 集 X 的数目是 8.
   答案:(D).

5. 首先注意到 $2^{\frac{1}{2}} > 8^{\frac{1}{8}}$,因为 $(2^{\frac{1}{2}})^8 = 2^4 = 16$ 超过 $(8^{\frac{1}{8}})^8 = 8$. 同时 $2^{\frac{1}{2}} > 9^{\frac{1}{9}}$,因为 $(2^{\frac{1}{2}})^{18} = 2^9 = 512$ 超过 $(9^{\frac{1}{9}})^{18} = 9^2 = 81$. 而且 $3^{\frac{1}{3}} > 2^{\frac{1}{2}}$,因为 $(3^{\frac{1}{3}})^6 = 3^2 = 9$ 超过 $(2^{\frac{1}{2}})^6 = 2^3 = 8$. 现在由于 $3^{\frac{1}{3}} > 2^{\frac{1}{2}}$,而 $2^{\frac{1}{2}}$ 超过 $8^{\frac{1}{8}}$ 与 $9^{\frac{1}{9}}$,因此 $3^{\frac{1}{3}}$ 和 $2^{\frac{1}{2}}$ 依次是已知四个数中最大的和最次大的.
   答案:(A).

6. 设 $y = 3^x$,使得已知方程等价于
   $$y^2 - 10y + 9 = 0 \text{ 或 } (y-9)(y-1) = 0$$
   因而 $y = 3^x = 9$ 或 1,使得 $x = 2$ 或 0. 因此 $x^2 + 1 = 2^2 + 1 = 5$,或 $x^2 + 1 = 0^2 + 1 = 1$.
   答案:(C).

7. 所求比例是
   $$\frac{\frac{x}{yz}}{\frac{y}{zx}} = \frac{x}{yz} \cdot \frac{zx}{y} = \frac{x^2}{y^2}$$
   已知条件包括 $\frac{yz}{zx} = \frac{y}{x} = \frac{1}{2}$,所以 $\frac{x}{y} = \frac{2}{1}$ 而 $\frac{x^2}{y^2} = \frac{4}{1}$ 正是所求比例. 已知条件的另外一部分是 $\frac{3x}{xy} = \frac{2}{3}$,在解题中无需用到.
   答案:(E).

71

8. 差数 $x-\log y$ 可以是非负的或是负的,于是已知方程式需要有

$$x-\log y = x+\log y, 2\log y = 0, y = 1$$

或 $-(x-\log y) = x+\log y, 2x = 0, x = 0.$ 以上可以写成 $x(y-1) = 0$ 借以说明 $y = 1$,或者 $x = 0$,或二者兼而有之.

答案:(D).

9. 设 S 和 E 分别表示每盒中信纸张数和信封数. 将两个最终方程相加. $S - E = 50$ 及 $E - \dfrac{S}{3} = 50$. 得出

$$\dfrac{S}{3}S = 100, S = 150(张)$$

答案:(A).

10. $x-2$ 的值或是正或是负,那么已知不等式分别等价于

$$1 \leqslant x-2 \leqslant 7, 3 \leqslant x \leqslant 9$$

或

$$1 \leqslant 2-x \leqslant 7, -1 \leqslant -x \leqslant 5, -5 \leqslant x \leqslant 1$$

这两个可能情况等价于选项(D)中所述的不等式.

答案:(D).

11. 从第一个方程的图(一个圆心为原点,半径为 4 的圆;见图),及第二个方程的图(一条凹抛物线,向上开口以 y 轴为对称轴,顶点在 $(0,4)$)可以很明显地看出,两个图形的唯一公共点是 $x = 0, y = 4$;所以 $y = 4$ 是唯一可能的 y 值. 如果用代数方法解此题,只要从第二个方程中将 $x^2 = 3y-12$ 代入第一式,得

$$3y - 12 + y^2 - 16 = 0$$

即 $y^2+3y-28=(y-4)(y+7)=0.$ 解出得 $y=4$ 或 $y=-7$.

很明显 $y=4, x=0$ 满足两个已知方程,而 $y=-7$ 时,无论 x 取什么实数都不能满足任何一个方程.

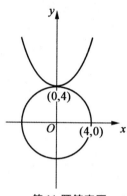

第11题答案图

答案:(A).

12. 设正立方体的一个边长是 f m,因此有 $100f$ cm 长. 已知体积的立方米数同6个面的平方厘米数相等,由此得 $f^3=6(100f)^2$ 于是 $f=6\times(100)^2=60\ 000.$
答案:(A).

13. 设过 M 而平行于正方形边 AB 的直线分别交边 AD 和 BC 于点 R 和 S(见图). 设 M 是 AE 的中点,$RM=\frac{1}{2}DE=\frac{5}{2}$(cm),因此 $MS=12-\frac{5}{2}=\frac{19}{2}$ (cm). 因为 PMR 和 QMS 是相似直角三角形,所求比例为 $PM:MQ=RM:MS=5:19$(相似三角形的对应边成比例).

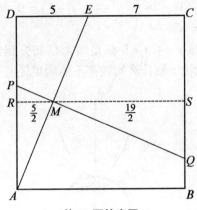

第13题答案图

答案:(C).

14. 设 S 代表所求边的长度(见图). 那么相对于 $30°$ 角的最长边的高为 $\frac{8}{2}=4$, 同时它是一个斜边长为 S 的等腰直角三角形的一股, 因此这个斜边的长度为 $4\sqrt{2}$.

也可以用正弦定理解. 任意三角形的边长同其对角的正弦成正比, 因此有, $\dfrac{S}{\sin 30°}=\dfrac{8}{\sin 45°}$, 即 $S = \dfrac{8\sin 30°}{\sin 45°}=\dfrac{8\left(\frac{1}{2}\right)}{\frac{\sqrt{2}}{2}}=4\sqrt{2}$.

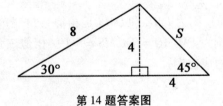

第14题答案图

答案:(B).

15. 设 x 代表墙中的砖数;如果每个砌砖工人单独工作,他们每人每小时砌 $\dfrac{x}{9}$ 和 $\dfrac{x}{10}$ 块砖.合作时,他们少砌 10 块,即每小时砌 $\dfrac{x}{9}+\dfrac{x}{10}-10$ 块.现在已知 5 h 内可砌 x 块砖,于是有 $5\left(\dfrac{x}{9}+\dfrac{x}{10}-10\right)=x$,因此墙中有 $x=900$ 块砖.
答案:(C).

16. 设这两个正数为 x 和 y,最初三个数是 $3,x,y$,最后三个数为 $x,y,9$.那么根据已知条件有下列关系
$$\dfrac{x}{3}=\dfrac{y}{x} \text{ 及 } y-x=9-y$$
从这两个方程中除去 y 得到 $2x^2-3x-27=0$,即 $(2x-9)(x+3)=0, x=\dfrac{9}{2}$ 或 -3,由于要求 x 是正的,用 $x=\dfrac{9}{2}$ 找出 $y=\dfrac{27}{4}$,因此所求的和数是 $x+y=\dfrac{45}{4}=11\dfrac{1}{4}$.
答案:(B).

17. 随机地选择一个截点,意味着截点落在一个已知区间中的概率同该区间的长度成正比.以 AB 代表绳(见图),又设点 P 满足 $\dfrac{AP}{PB}=\dfrac{1}{x}$.如果截点在 AP 上,则较长的一段至少是较短一段的 x 倍.截点在 AP 上的概率是 $\dfrac{1}{1+x}$.然而,随机截点以相同的概率处于离 B 同样距离的线段上,因此概率是 $\dfrac{2}{1+x}$.

注:当 $x=1$,所求的概率明显的是 1;这事实立时消除去选项(A),(B)和(C).

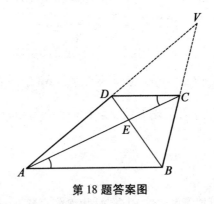

第17题答案图

答案:(E).

18. 可以延长梯形的边 AD 和 BC,使相交于 V(见图). 那么 AC 和 BD 为 $\triangle ABV$ 中顶点为 A 和 B 的中线, 并相交于 E, 它们以比例 $2:1$ 相互截分对方. 即

$$EC = \frac{1}{3}AC = \frac{11}{3} = 3\frac{2}{3}$$

第18题答案图

答案:(A).

19. 已知序列的第 k 项 $(1+2+2^2+\cdots+2^{k-1})$ 是个几何级数,其值为 2^k-1. 因而前 n 项的和是

$$(2^1-1)+(2^2-1)+(2^3-1)+\cdots+(2^n-1)$$
$$=(2^1+2^2+2^3+\cdots+2^n)-$$
$$\underbrace{(1+1+1+\cdots+1)}_{n\text{项}}$$
$$=(2^{n+1}-2)-n=2^{n+1}-n-2$$

答案:(D).

20. 如图所示,设直角三角形两直角边分别长为 a^2-b^2 和 $2ab$,锐角 x 为对着 $2ab$ 边的角.根据毕达哥拉斯定理,其斜边 h 之平方为

$$h^2 = (2ab)^2 + (a^2-b^2)^2 = a^4 + 2a^2b^2 + b^4$$
$$= (a^2+b^2)^2$$

从图形和正弦的定义得知有

$$\sin x = \frac{2ab}{a^2+b^2}$$

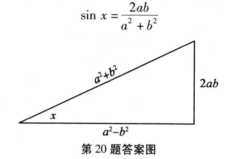

第20题答案图

答案:(E).

21. 设 P 和 Q 分别为 AD 同 BF 和 EC 的交点,以 $\angle P$ 表示 $\angle FPQ$,$\angle Q$ 表示 $\angle EQP$.那么由于四边形 $EFPQ$ 的角度的和是 $360°$,而 $\triangle DPB$ 和 $\triangle AQC$ 的角度和各为 $180°$,于是有三个方程

$$\angle F + \angle P + \angle Q + \angle E = 360°$$
$$\angle B + (180° - \angle P) + \angle D = 180°$$
$$\angle C + (180° - \angle Q) + \angle A = 180°$$

从这些方程的和的两边各减去 $360°$,所求的和数是

$$\angle A + \angle B + \angle C + \angle D + \angle E + \angle F = 360° = 90n°$$

所以 n 等于 4,即选项(C).

答案:(C).

22. 为方便起见,将已知根 $a+bi$ 简写为 α,其共轭复根 $a-bi$ 为 $\overline{\alpha}$. 要这两个根的每一个都满足已知方程,就要求有, $\alpha^3 + q\alpha + r = 0$ 及 $\overline{\alpha}^3 = q\overline{\alpha} + r = 0$, 从第二个方程中减去第一个得

$$\alpha^3 - \overline{\alpha}^3 + q(\alpha - \overline{\alpha}) = 0$$

由此

$$-q = \frac{\alpha^3 - \overline{\alpha}^3}{\alpha - \overline{\alpha}} = \alpha^2 + \alpha\overline{\alpha} + \overline{\alpha}^2 = (\alpha^2 + \overline{\alpha}^2) + \alpha\overline{\alpha}$$
$$= (2a^2 - 2b^2) + (a^2 + b^2) = 3a^2 - b^2$$

因此 $q = b^2 - 3a^2$,如选项(E)所述.

答案:(E).

23. 设 O 代表图形的底的中心, P 为所求圆的圆心, r 为其半径. 假定圆经过附有 A 和 B 的点见图, 同时假定圆心 P 位于图形的对称轴 OD 上(这些假定在下面的注有所解释). 那么 $r = PA = PB$. 在 Rt$\triangle PDB$ 中, $PB^2 = (2-OP)^2 + (\frac{1}{2})^2$, 而在 Rt$\triangle OPA$ 中, $PA^2 = OP^2 + 1$. 列出对于 r^2 的等式得

$$4 - 4OP + OP^2 + \frac{1}{4} = OP^2 + 1$$

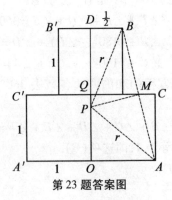

第23题答案图

于是

$$4OP = \frac{13}{4}, OP = \frac{13}{16}$$

因此

$$r^2 = 1 + OP^2 = \frac{425}{16^2}, r = \frac{5\sqrt{17}}{16}$$

答案:(D).

注:我们建议读者核对两个事实:

Ⅰ. 包有一个已知多边形的最小的圆 K 经过此多边形的某些顶点;而且并非全部在 K 上的顶点都在 K 的某个劣弧上.

Ⅱ. 如果已知多边形有一条对称轴,那么 K 的圆心 P 必在此轴上.

为了证明Ⅰ,需要说明这点:假如没有任何顶点在 K 上,或者假如所有在 K 上的顶点都在 K 的劣弧上,那么一个小于 K 的圆就能包含此多边形. 可以用Ⅰ来证明Ⅱ.

从Ⅱ引出,本问题中,P 应在 OD 上,而且从Ⅰ引出,P 应在连接 OQ 中点与 Q 的线段 s 上. 因为,如果 P 的位置稍偏高的话,圆 K 就会或者不经过任何顶点,或者只经过 A 和 A',因而 A 和 A' 就都会位于某个劣弧上,这同Ⅰ矛盾. 如果 P 稍为偏低,圆 K 就会不经过任何顶点,或者只经过 B 和 B',同样会位于一个劣弧上,又同Ⅰ矛盾.

对于 s 线段上任何一点 S,都有 $SA > SC, SB > SC$. 因此,A 与 B 都在圆上. 如我们假设的一样.

24. 所有三种行速及其对应时间都得出同等距离. 如以 R, T 表示第一个速度及其对应时间,就有以下的距

离的公式

$$RT = (R + \frac{1}{2})\frac{4}{5}T = (R - \frac{1}{2})(T + \frac{5}{2})$$

第一个等式相当于

$$R = \frac{4}{5}(R + \frac{1}{2})$$

于是 $R = 2, RT = 2T$ 用距离的最后一个式子得

$$RT = (R - \frac{1}{2})(T + \frac{5}{2}) = (2 - \frac{1}{2})(\frac{RT}{2} + \frac{5}{2})$$

$$= \frac{3RT}{4} + \frac{15}{4}$$

因此, $\frac{RT}{4} = \frac{15}{4}, RT = 15 =$ 以 km 计的距离.

答案:(B).

25. 四边形 $ABCD$ 的外接圆(见图)是 $\triangle BAD, \triangle BCD,$ $\triangle ABC, \triangle ADC$ 的外接圆. 任意三角形的外接圆半径等于任意边长除以对角的正弦[①]. $\triangle BAD$ 和

[①] 设 J 为过点 C 的直径的另一端. $\angle JBC$ 是直角, $\angle J = \angle A$(见图), 因而有 $\sin A = \sin J = \frac{a}{2R}$, 所以 $2R = \frac{a}{\sin A}$. 可以用类似的方法得出 $2R = \frac{b}{\sin B} = \frac{c}{\sin C}$

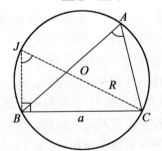

第 25 题答案图

△BCD 具有公共边长 BD,而对着 BD 的 ∠A 和 ∠C 是内接四边形的对角;因此

$$\angle A + \angle C = 180°, \cos C = -\cos A$$

由余弦定律

$$BD^2 = AB^2 + AD^2 - 2AB \cdot AD\cos A$$
$$= CB^2 + CD^2 - 2CB \cdot CD\cos C \quad \text{①}$$

于是

$$AB^2 + AD^2 - 2AB \cdot AD\cos A$$
$$= CB^2 + CD^2 + 2CB \cdot CD\cos A$$

因此

$$\cos A = \frac{CB^2 + CD^2 - AB^2 - AD^2}{2(CB \cdot CD + AB \cdot AD)} \quad \text{②}$$

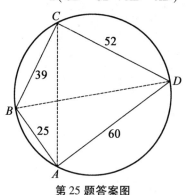

第25题答案图

只要能够定出 $\cos A$,BD 就可以从①求出,因而

$$2R = \frac{BD}{\sin A} = \frac{BD}{\sqrt{1-\cos^2 A}}$$

就可以求出. 这个一般步骤可以同样应用于 △ABC 和 △ADC,其中 AC 是公共边,最后得到

$$\cos D = \frac{DA^2 + DC^2 - BA^2 - BC^2}{2(DA \cdot DC + BA \cdot BC)} \quad \text{③}$$

为求出本问题中的已知长度,一位机警的读者可以由下述的关系中发觉一条捷径.

$BC = 39 = 3 \times 13$

$CD = 52 = 4 \times 13$

$AB = 25 = 5 \times 5$

$DA = 60 = 12 \times 5$

$BC^2 + CD^2 = 13^2(3^2 + 4^2) = 13^2 \times 5^2$

$AB^2 + DA^2 = 5^2(5^2 + 12^2) = 5^2 \times 13^2$

于是
$$BC^2 + CD^2 = AB^2 + DA^2$$

这表示 △BAD 和 △BCD 是直角三角形,其中公共斜边 BD 有长度 $BD = \sqrt{5^2 \times 13^2} = 65$,于是 $BD = 2R$ 即是所求的圆的直径.

如果以已知数据代入式②,则有 $\cos A = 0$,从而得到结论 $\angle A = \angle C = 90°$,因而 $BD = 2R$. 另一方面,用式③,我们得到

$$\cos D = \frac{60^2 + 52^2 - 25^2 - 39^2}{2(60 \times 52 + 25 \times 39)}$$

$$= \frac{5^2(12^2 - 5^2) + 13^2(4^2 - 3^2)}{2 \times 5 \times 13(63)}$$

$$= \frac{5^2 \times 7 \times 17 + 13^2 \times 7}{2 \times 3^2 \times 5 \times 7 \times 13} = \frac{33}{65}$$

因此
$$AC^2 = 52^2 + 60^2 - 2 \times 52 \times 60 \cos D = 56^2$$

$$2R = \frac{AC}{\sin D} = \frac{56}{\sqrt{1 - (\frac{33}{65})^2}} = \frac{56}{\frac{56}{65}} = 65$$

答案:(C).

26. 在弧 AMB 的 M 和 B 之间定一点 N 使得弧 CA 和

MN 相等(见图).那么弧 AM 和 BN 也相等,因此垂直 AB 于 Q 的线段 NQ 平行而且等于 MP.现在 MN 和 PQ 是正方形 MNQP 的对边,每段都有长度 x.因此线段 PB 有长度 $PQ+QB=x+(x+1)=2x+1$,因为 $QB=AP=x+1$.

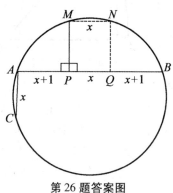

第 26 题答案图

答案:(E).

27. 任意三角形的面积等于任意两边同其所夹的角的正弦的积的一半(见图),其中 P 为通过 C 的高,因此 $P=AC\sin A$,因而

$$S_{\triangle ABC}=\frac{1}{2}AB\cdot P=\frac{1}{2}AB\cdot AC\sin A$$

从已知数据,$\sqrt{AB\cdot AC}=12$ 和 $S_{\triangle ABC}$ 的面积 $=64$,可得出

$$AB\cdot AC\sin A=128, AB\cdot AC=144$$

$$\sin A=\frac{128}{144}=\frac{8}{9}$$

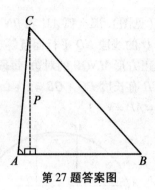

第27题答案图

答案:(D).

28. 在 $28 = 8 + 8 + 6 + 6$ 个边沿格子中,没有一个能被圆盘完全盖着. 在棋盘内部的 6×6 个正方格子中,四个角落的正方形也未能完全被圆盘所盖,这是因为从每个缩小了(除去了外面一圈格子)的棋盘的角落到圆盘的圆心的距离是 $\sqrt{3^2+3^2} \cdot \dfrac{D}{8} = 3\sqrt{2}\dfrac{D}{8}$,其中圆盘的半径是 $\dfrac{D}{2}$,但 $\dfrac{1}{2} < \dfrac{3\sqrt{2}}{8}$. 剩下的 $36 - 4 = 32$ 个内里正方形则完全被圆盘所盖,因为它们在一个以棋盘心为圆心,半径为 $\sqrt{2^2+3^2} \cdot \dfrac{D}{8} = \dfrac{\sqrt{13}D}{8} < \dfrac{D}{2}$ 的圆内.

答案:(E).

29. 通过直接计算得出所求结果

$$f\left(\dfrac{3x+x^3}{1+3x^2}\right) = \log \dfrac{1+\dfrac{3x+x^3}{1+3x^2}}{1-\dfrac{3x+x^3}{1+3x^2}} = \log \dfrac{1+3x^2+3x+x^3}{1+3x^2-3x-x^3}$$

$$= \log\frac{(1+x)^3}{(1-x)^3} = 3\log\frac{1+x}{1-x} = 3f(x)$$

答案:(C).

30. 在下图中,h 代表纸张的长度

$$\frac{6}{h} = \cos(90° - 2\theta) = \sin 2\theta = 2\sin\theta\cos\theta$$

由此 $h = \dfrac{3}{\sin\theta\cos\theta}$

而且 $\dfrac{L}{h} = \sec\theta$,因此

$$L = h\sec\theta = \frac{3\sec\theta}{\sin\theta\cos\theta} = 3\sec^2 v\csc\theta$$

注:当纸张是正方形时,即有 $\theta = 45°$,$L = 6\sqrt{2}$;由这事实,选项(B),(C)和(D)都立即被除去.

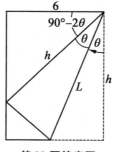

第30题答案图

答案:(A).

31. 利用下列事实:如果 N_1,N_2 为整数,其被 D 除时所剩余数为 R_1 和 R_2,那么积 N_1N_2 和 R_1R_2 在被 D 除时具有相同的余数. 以符号表示:如果 $N_1 = Q_1D + R_1$,$N_2 = Q_2D + R_2$,那么

$$N_1N_2 = (Q_1D + R_1)(Q_2D + R_2)$$

$$= (Q_1Q_2D + Q_1R_2 + Q_2R_1)D + R_1R_2$$

很明显最后的式子被 D 除时,具有同 R_1R_2 一样的余数.

在 2 的最初若干幂中,发现 2^6 被 13 除时,具有余数 12,即 -1,于是 $2^{12} = 2^6 \times 2^6$ 具有同 12×12 一样的余数,即 $(-1)^2$,即 1. 现在写出 $2^{1\,000} = (2^{12})^{83} \times 2^4$,从而得出结论:被 13 除后的余数是 $(1)^{83} \times 3 = 3$,因为 $2^4 = 16 = 1 \times 13 + 3$.

用同余式的记号,我们有
$$2^6 = 64 \equiv -1 \pmod{13}$$
$$2^{1\,000} = (2^6)^{166} \times 2^4 \equiv (-1)^{166} \times 16 \pmod{13}$$
$$\equiv 1 \times 3 \pmod{13} \equiv 3 \pmod{13}$$

答案:(C).

32. 由于点 E 分每个过点 E 的弦为两份,其积是个常数
$$CE \cdot ED = AE \cdot EB, \text{ 即 } CE \cdot 3 = 2 \cdot 6$$
所以 $CE = 4$. 于是弦 AB 和 CD 长度分别为 8 和 7.
现在,圆心 O 位于弦 CD 和 AB 的中垂线上,它比点 A 高 $\dfrac{1}{2}$ 单位,而位于点 A 右边 4 个单位. 半径 OA 是股长为 $AM = 4$, $OM = \dfrac{1}{2}$ 的直角三角形的斜边

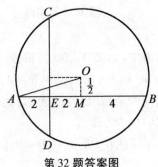

第32题答案图

第3章　1972年试题

$$OA^2 = AM^2 + OM^2 = 4^2 + (\frac{1}{2})^2 = \frac{65}{4}$$

于是直径的长度是 $2OA = 2\sqrt{\frac{65}{4}} = \sqrt{65}$.

答案:(B).

33. 设 U, T 和 H 分别代表所求数字的个位,十位,百位数. 那么除至最小的商数的值是

$$\frac{U+10T+100H}{U+T+H} = \frac{U+T+H+9T+99H}{U+T+H}$$

$$= 1 + \frac{9(T+11H)}{U+T+H}$$

如果 $U<T$,将 T 和 U 互换可以将商数化小. 因此,对于最小值有 $U>T$. 同样地,$U>H$,由此可知 T 或 H 都不等于 9. 因此,无论 T 和 H 值是多少,当 $U=9$ 时,商数即为最小值. 为了将商数化小,先化小分式

$$\frac{9(T+11H)}{9+T+H}$$

或者相当于化小其九分之一

$$\frac{T+11H}{T+H+9} = 1 + \frac{10H-9}{T+H+9}$$

当 T 为最大值时,上式为最小值,又由于 $T\neq 9$,取 T 为 8. 现在当 H 是最小值时,即 $H=1$ 时,$\frac{10H-9}{H+17}$ 就是最小值. 因此,所求数字是 189,而所求的最小商数为 $\frac{189}{1+8+9} = \frac{189}{18} = 10.5$.

答案:(C).

34. 设 T, D 和 H 分别代表甲,乙和丙的年岁. 已知 $3D+T=2H$ 及 $2H^3=3D^3+T^3$,这等价于 $2(H-D)=D+T$ 及 $2(H^3-D^3)=D^3+T^3$. 将最后的方程式化

为因式时得

$$2(H-D)(H^2+DH+D^2)=(D+T)(D^2-DT+T^2)$$

将两边除以等数 $2(H-D)=D+T$ 得

$$H^2+DH+D^2=D^2-DT+T^2$$

这等价于: $T^2-H^2=D(H+T)$ 即 $(T+H)(T-H)=D(T+H)$. 于是有 $D=T-H$, 即 $T=D+H$. 从第一个方程, $T=2H-3D$, 于是 $H=4D$. 由于 H,D 互为素数, $D=1,H=4$. 于是 $T=D+H=1+4=5$, 同时

$$T^2+D^2+H^2=5^2+1^2+4^2=25+1+16=42$$

答案: (A).

35. 首先要证明: 三角形要绕正方形移动 3 转才能使它的顶点再次返回原位. 见图开始三角形绕正方形的中点 B 转 $\dfrac{1}{3}$ 周, 然后绕 X 角转 $\dfrac{1}{12}$ 周, 然后再沿着正方形的每一个边移动. 经过 8 步以后, 它出现于边 AX, 这时已经转了 $4\times\dfrac{1}{2}+4\times\dfrac{1}{12}=\dfrac{5}{3}$ 周; 但为了达到 P 位于边 AB 上的原来位置, 它一定要转一周的整倍数, 而这出现在 3 个这样的循环后, 即经过 $8\times3=24$ 步后. 在其中 $\dfrac{24}{3}=8$ 步当中, 转动是绕 P 而转的, 因此 P 并没有移动距离; 而在余下的 16 步中, 有 8 步 P 经过了以 $AP=2$ 为半径的圆周的 $\dfrac{1}{3}$, 另外 8 步则走了这个圆周的 $\dfrac{1}{12}$. 因此 P 所走的路的全长是

$$\left(\dfrac{8}{3}+\dfrac{8}{12}\right)4\pi=\dfrac{40}{3}\pi(\text{m})$$

第3章 1972年试题

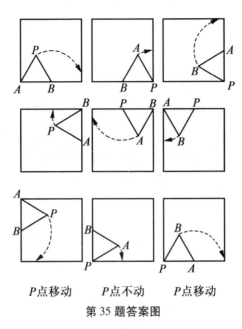

P点移动　　P点不动　　P点移动

第35题答案图

答案：(D).

复数的基本知识

> 几何中复数的重要性对我而言充满神秘,它是如此优美简洁而又浑然一体.
>
> ——陈省身

1 复 数

1.1 复数的表示

我们记得二次方程
$$ax^2 + bx + c = 0 \quad ①$$
有根,当且仅当它的判别式 $\Delta = b^2 - 4ac$ 为非负. 此时,这些根是
$$x' = \frac{-b+\sqrt{\Delta}}{2a}, x'' = \frac{-b-\sqrt{\Delta}}{2a}$$
在 $\Delta = 0$ 的条件下,这两个根是重根;它们的共同值是 $\frac{-b}{2a}$. 在 $\Delta < 0$ 的情况下,解的集合是空集,特别是,方程
$$x^2 + 1 = 0 \quad ②$$
没有解. 只要注意到,对于每一个实数 x,都有 $x^2 \geq 0$,我们就立即证明了这个结果: $x^2 + 1 > 0$,于是 $x^2 + 1 \neq 0$.

附录 复数的基本知识

然而,方程①的根,如果它们存在,在多数计算中,是很方便的. 这就是为什么 16 世纪的意大利数学家邦别利和卡当(用于所有牵引汽车的等速万向节的发明者)产生了引入一个数作为方程②的解的想法.

形如 $a+bi$ 的数称作复数,其中 a 和 b 属于 **R**. 复数的计算法则和实数的情形一样简单……有时只要记住有条不紊地用 -1 代替 i^2 就行了.

我们将看到,为了解方程②而发现的复数,使我们能解决最一般的方程①,甚至 $\Delta<0$ 的情形. 当然,我们将按照美国大工程师斯坦默兹(1890)的工作,以复数在交流电中的应用来结束这一块.

1.2 复数域

有许多种构造复数的方式. 最简单的就是使实数二元组 (a,b) 的集合 $\mathbf{R}^2$ 具有下列两个合成法则:

(1)加法,由

$$(a,b)+(a',b')=(a+a',b+b')$$

定义;

(2)乘法,由

$$(a,b)\cdot(a',b')=(aa'-bb',ab'+ba')$$

定义. 我们证明,满足这两个法则的集合 $\mathbf{R}^2$ 是一个交换域. 这个域称作复数域,并记作 **C**.

加法的中性元素是二元组 $(0,0)$;乘法的中性元素是二元组 $(1,0)$. 此外,元素 $(0,1)$ 满足关系 $(0,1)^2+(1,0)=(0,0)$.

映射 $a\mapsto(a,0)$ 是从 **R** 到 **C** 中的一个内射的同态,它把域 **R** 与 **C** 的一个子域视为同一个东西,特别的,正如在每一个域中一样,元素 $(0,0)$ 和 $(1,0)$ 都将更简单地记作 0 和 1. 元素 $(0,1)$ 是方程②的解,它将记作 i.

1.3 复数的笛卡儿形式

关系

$(a,b) = (a,0) + (0,b)$ 和 $(0,b) = (b,0) \cdot (0,1)$

表明,每一个复数 $z = (a,b)$ 都可以写成形式

$$z = a + bi$$

此外,这种写法是唯一的:事实上设 (a,b) 和 (a', b') 是使

$$a + bi = a' + b'i$$

成立的实数二元组,那么,$(b - b')i = a' - a$. 如果 $b - b'$ 是非零的,我们可以把 i 写成形式

$$i = \frac{a' - a}{b - b'}$$

这与 i 不属于 **R** 的事实相矛盾. 于是 $b' = b$,并且 $a' = a$,这就是所要证明的.

写法 $a + bi$ 称作复数 z 的笛卡儿形式(这个名称是纪念勒内·笛卡儿(René Descartes),他第一个想到使用实数二元组).

实数 a 称作复数 z 的实数部分,并且记作 $\mathrm{Re}(z)$;实数 b 称作复数 z 的虚数部分,并且记作 $\mathrm{Im}(z)$. 实数部分是零的复数即所谓纯虚数.

用这些记号,两个复数 $z = a + bi$ 和 $z' = a' + b'i$ 的和与积写成

$$z + z' = (a + bi) + (a' + b'i) = a + a' + (b + b')i$$
$$zz' = (a + bi)(a' + b'i) = aa' - bb' + (ab' + ba')i$$

于是,复数的和或积的实数部分与虚数部分由下列公式给出

$$\mathrm{Re}(z + z') = \mathrm{Re}(z) + \mathrm{Re}(z')$$

附录 复数的基本知识

$$\mathrm{Im}(z+z') = \mathrm{Im}(z) + \mathrm{Im}(z')$$
$$\mathrm{Re}(zz') = \mathrm{Re}(z) \cdot \mathrm{Re}(z') - \mathrm{Im}(z) \cdot \mathrm{Im}(z')$$
$$\mathrm{Im}(zz') = \mathrm{Re}(z) \cdot \mathrm{Im}(z') + \mathrm{Im}(z) \cdot \mathrm{Re}(z')$$

例1 （1）计算 $3+4\mathrm{i}$ 与 $1-\mathrm{i}$ 的和；（2）计算 $3+4\mathrm{i}$ 与 $1+\mathrm{i}$ 的积.

解 （1）$(3+4\mathrm{i})+(1-\mathrm{i})=3+1+(4-1)\mathrm{i}=4+3\mathrm{i}$；

（2）$(3+4\mathrm{i})(1+\mathrm{i})=3+4\mathrm{i}+3\mathrm{i}+4\mathrm{i}^2=-1+7\mathrm{i}.$

1.4 共轭复数

从 **C** 到它自身把每一个复数 $z=a+b\mathrm{i}$ 与复数 $\bar{z}=a-b\mathrm{i}$ 对应起来的映射是一个自同构,等于它的逆映射

$$\bar{\bar{z}} = z$$

复数 $\bar{z}$ 称作 z 的共轭；由于 z 和 $\bar{z}$ 对称,我们也可以说复数 z 和 $\bar{z}$ 是共轭的.

事实上,很显然,这个映射是双射的. 因为它容许一个逆映射（即它自己）存在. 此外,对每个复数二元组 (z, z')

$$\overline{z+z'} = a+a'-(b+b')\mathrm{i} = a-b\mathrm{i}+a'-b'\mathrm{i} = \bar{z}+\bar{z}'$$
$$\overline{zz'} = aa'-bb'-(ab'+ba')\mathrm{i} = (a-b\mathrm{i})(a'-b'\mathrm{i}) = \bar{z} \cdot \bar{z}'$$

共轭复数的性质 两个共轭复数的和是一个实数,其差是一个纯虚数,更明确地说

$$z+\bar{z} = 2\mathrm{Re}(z)$$
$$z-\bar{z} = 2\mathrm{iIm}(z)$$

特别的,$\bar{z}=z$ 的充分必要条件是 z 是实数；$\bar{z}=-z$ 的充分必要条件是 z 是纯虚数.

两个共轭复数的积是一个正实数,更明确地说

$$z \cdot \bar{z} = [\operatorname{Re}(z)]^2 + [\operatorname{Im}(z)]^2$$

例2 我们取复数 $3+4i$ 作为 z，求 $\bar{z}, z+\bar{z}, z-\bar{z}, z \cdot \bar{z}$.

解 $\bar{z} = 3-4i, z+\bar{z} = 6, z-\bar{z} = 8i, z \cdot \bar{z} = 9+16 = 25$.

注 为了得到一个商

$$z = \frac{a+bi}{c+di}$$

的笛卡儿形式，我们用分母的共轭复数乘分子和分母

$$z = \frac{(a+bi)(c-di)}{(c+di)(c-di)} = \frac{ac+bd}{c^2+d^2} + i\frac{bc-ad}{c^2+d^2}$$

例3 计算 $z = \dfrac{3+4i}{1+i}$.

解 $z = \dfrac{(3+4i)(1-i)}{(1+i)(1-i)} = \dfrac{3+4+i(4-3)}{1-i^2}$

$= \dfrac{7}{2} + \dfrac{1}{2}i$.

1.5 复数的模

我们刚刚看到，z 与它的共轭数的积是一个非负实数. 这个非负实数的平方根称作复数 z 的模，记作 $|z|$

$$|z| = \sqrt{z \cdot \bar{z}} = \sqrt{a^2+b^2}$$

特别的，若 z 是实数，则 z 的模不是别的，恰恰是 a 的绝对值，这就说明为什么对一个复数的模和一个实数的绝对值使用同一个符号.

z 的模的定义对于 z 和 $\bar{z}$ 发挥着类似的作用，因此，共轭复数有同一个模

$$|z| = |\bar{z}|$$

对于每一个复数 z，有

$$|\operatorname{Re}(z)| \leq |z|, |\operatorname{Im}(z)| \leq |z|$$

附录 复数的基本知识

此外,第一个不等式变成等式,当且仅当 z 是实数;第二个不等式变成等式,当且仅当 z 是纯虚数. 这是关系

$$|z|^2 = z \cdot \bar{z} = [\operatorname{Re}(z)]^2 + [\operatorname{Im}(z)]^2$$

的直接结果.

很明显, z 是零,当且仅当它的模是零.

现在我们考虑两个复数的和、积与商的模. 两个复数的积的模等于它们的模的积

$$|zz'| = |z| \cdot |z'|$$

事实上

$$|zz'|^2 = (zz')(\overline{zz'}) = zz'\bar{z}\bar{z}' = |z|^2 \cdot |z'|^2$$

两端开平方,就得到了上述关系.

我们假设 $z' \neq 0$,关系式 $z'' = \dfrac{z}{z'}$ 相当于 $z = z'z''$.

因此

$$\left|\dfrac{z}{z'}\right| = \dfrac{|z|}{|z'|}$$

这样,商的模等于分子和分母的模的商.

对于每一个复数二元组 (z, z') 都有

$$|z + z'| \leq |z| + |z'| \qquad ③$$

(三角不等式). z 是非零的,当且仅当存在一个正实数 a,使 $z' = az$ 时,式③才是等式.

若 $z = 0$,三角不等式是明显的;在相反的情况中,它相当于

$$|1 + u| \leq 1 + |u| \qquad ④$$

其中, $u = \dfrac{z'}{z}$. 此外,在关系③和④中,等式同时成立. 关系④还等于下式

$$|1+u|^2 \leqslant (1+|u|)^2 \qquad ⑤$$

从一端
$$|1+u|^2 = (1+u)(1+\bar{u}) = 1 + 2\text{Re}(u) + |u|^2$$

从另一端
$$(1+|u|)^2 = 1 + 2|u| + |u|^2$$

那么,不等式⑤相当于不等式
$$\text{Re}(u) \leqslant |u| \qquad ⑥$$

这是不等式 $|\text{Re}(u)| \leqslant |u|$ 的一个直接结果.

最后,我们假设在关系③中等式成立,那么,关系⑥变成了 $\text{Re}(u) = |u|$,这就意味着 u 是正实数. 反之,如果 u 是正实数,很明显
$$|1+u| = 1 + |u|$$

已知的积的模的公式指出,如果 z 和 z' 有模 1,则它们的积具有同样的模;已知的商的模的公式指出,如果 z 有模 1,则 $\dfrac{1}{z}$ 具有同样的模. 因此,模为 1 的复数集合 U 是非零复数乘法群 C^* 的一个子群.

例 4 有下式
$$|3+4i| = \sqrt{9+16} = \sqrt{25} = 5$$
$$|1+i| = \sqrt{2}$$
$$|(3+4i)(1+i)| = |3+4i| \cdot |1+i| = 5\sqrt{2}$$
$$\left|\frac{1}{3+4i}\right| = \frac{1}{|3+4i|} = \frac{1}{5}$$
$$\left|\frac{1+i}{3+4i}\right| = \frac{\sqrt{2}}{5}$$

1.6 复数序列

收敛序列和柯西序列的定义推广到复数序列的情形:在收敛序列的定义中,只要以复数 l 代替实数 l,并

附录 复数的基本知识

且不读成"绝对值",而读成"模"就够了. 正如在 **R** 的情况中满足,那么柯西条件仍然是收敛的一个充分必要条件,并且仍称为柯西准则.

如果一个复数序列 (u_n) 有一个极限 l,那么序列 $(|u_n|)$ 具有极限 $|l|$.

事实上,根据三角不等式,有

$$||u_n| - |l|| \leq |u_n - l|$$

例 5 (一个几何级数的诸项和) 设 r 是一个复数,而 (u_n) 是一个公比为 r 的非零的等比级数. 和 $u_0 + u_1 + \cdots + u_{n-1}$ 当 n 趋向于 $+\infty$ 时有极限的充分必要条件是 $|r| < 1$. 此时,这个和的极限是 $u_0 \dfrac{1}{1-r}$.

事实上,我们知道

$$u_0 + u_1 + \cdots + u_{n-1} = \begin{cases} u_0 \dfrac{1-r^n}{1-r}, & \text{若 } r \neq 1 \\ nu_0, & \text{若 } r = 1 \end{cases}$$

因级数 (u_n) 不是零,所以 u_0 异于 0.

若 $r = 1$,立即可得,这个和没有极限.

若 $r \neq 1$,这个和有极限,当且仅当 r^n 有极限. 然而 $|r^n| = |r|^n$.

如果 $|r| < 1$,$|r|^n$ 趋向于零,而 r^n 也同样趋向于零.

如果 $|r| > 1$,$|r|^n$ 趋向于 $+\infty$,且 r^n 没有极限.

综上,如果 $|r| = 1$,而 $r \neq 1$,r^n 的极限的存在蕴涵着 $r = \dfrac{r^{n+1}}{r^n}$ 趋向于 1,这不合逻辑.

1.7 一个复数的几何表示

设有由点 O 和由确定 Ox 轴与 Oy 轴的两个正交

单位向量 u 与 v 定义的标架,我们来考察张在此标架上的平面(图1). 我们可以把平面上的每一点 M 与数的一个二元组 (a,b),即点 M 的坐标对应起来.

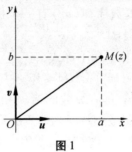

图1

我们说点 M 是复数 $z = a + bi$ 的象. 反之,与复数 $a + bi$ 相对应的,是平面 (O,u,v) 上坐标为 a 和 b 的点 M.

我们说复数 $a + bi$ 是点 $M(a,b)$ 的附标. 这样,就在复数集合与平面的点集合之间建立了一个双射,这样表示的平面称作复平面.

我们考虑一些特殊复数的象(图2).

(1) $z = 0$ 的象是点 O.

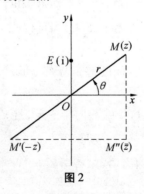

图2

(2) 一个实数 $z = a$ 的象是 Ox 轴上的一点. Ox 轴称作实轴.

(3) 一个纯虚数 $z = bi$ 的象是 Oy 轴上的一点,Oy 轴称作虚轴. 坐标为 $(0,1)$ 的点 E 是虚数 i 的象.

(4) 复数
$$z = a + bi \text{ 和 } z' = -a - bi = -z$$
的象是关于原点对称的点 M 和 M'.

(5) 共轭复数
$$z = a + bi \text{ 和 } \bar{z} = a - bi$$
的象是关于 Ox 轴对称的点 M 和 M''.

复数的几何表示使我们能解释 **C** 中的加法:如图 3 所示,设 z 和 z' 是两个复数,M 和 M' 是它们的象;那么,它们的和 $z + z'$ 的象是以原点 O 为起点的向量 ($\overrightarrow{OM} + \overrightarrow{OM'}$).

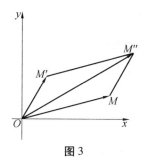

图 3

一个复数 z 的模等于距离 $\|OM\|$. 复数的三角不等式由三角形 OMM'' 中熟知的不等式表示
$$\|OM''\| \leq \|OM\| + \|MM''\|$$
相等的情形对应于 O,M 和 M'' 排成一直线,即向量 $\overrightarrow{OM}$ 和 $\overrightarrow{MM''}$ 有同一方向.

1.8 复数的三角形式

在复数平面中我们考察向量 $\overrightarrow{OM}$,我们也说向量

$\overrightarrow{OM}$ 是复数 $z = a + bi$ 的象向量. 我们还可以用它的极角 (Ox, OM) 的量度(弧度)θ 和它的长度
$$r = OM$$
来表示向量 $\overrightarrow{OM}$, θ 的确定准确到 2π 的整数倍, r 也称为复数 z 的模.

z 的模记作 $|z|$. 这样, $|z| = r$.

若 θ 是 (Ox, OM) 的弧度之一, 则其他的弧度都有形式
$$\theta' = \theta + 2k\pi$$
k 是一个整数.

那么, 这些弧度中有一个且只有一个属于区间 $[-\pi, \pi]$. 我们把它称作 z 的主辐角, 并记作 $\arg z$. 其他的弧度都简单地称作 z 的辐角.

我们考察向量 $\overrightarrow{OM}$ 在轴 Ox 和 Oy 上的正投影, 就得到下列公式
$$a = r\cos\theta, b = r\sin\theta$$
由此
$$r^2 = a^2 + b^2$$
复数 $z = a + bi$ 于是变成形式
$$z = r(\cos\theta + i\sin\theta)$$
它被称作三角形式.

有时, 简单地写成
$$z = [r, \theta]$$
以表示模为 r 和辐角为 θ 的复数.

例6 有下式:
$z_1 = \left[1, \dfrac{\pi}{4}\right] = \cos\dfrac{\pi}{4} + i\sin\dfrac{\pi}{4}$ 的象是 A.

$$z_2 = \left[1, \frac{3\pi}{4}\right] = \cos\frac{3\pi}{4} + \mathrm{i}\sin\frac{3\pi}{4}$$ 的象是 B.

$$z_3 = \left[1, \frac{5\pi}{4}\right] = \cos\frac{5\pi}{4} + \mathrm{i}\sin\frac{5\pi}{4}$$

$$= -\left(\cos\frac{\pi}{4} + \mathrm{i}\sin\frac{\pi}{4}\right)$$ 的象是 C.

$$z_4 = \left[1, -\frac{\pi}{4}\right] = \cos\frac{\pi}{4} - \mathrm{i}\sin\frac{\pi}{4}$$ 的象是 D.

我们注意到

$$z_3 = -z_1, \bar{z}_4 = z_1, \bar{z}_3 = z_2, z_4 = -z_2$$

如图 4 所示,坐标为 $(0,1)$ 的点 E 是模为 1,辐角为 $\frac{\pi}{2}$ 的复数 i 的象,于是 $\mathrm{i} = \left[1, \frac{\pi}{2}\right]$.

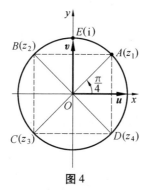

图 4

每一个实数 a 都有模 $|a|$,并且,若 a 是正数,辐角 $\theta = 0$;若 a 是负数,辐角 $\theta = \pi$. 每一个虚数 $b\mathrm{i}$ 是都有模 $|b|$,并且,若 b 是正数,辐角 $\theta = \frac{\pi}{2}$;若 b 是负数,辐角 $\theta = -\frac{\pi}{2}$.

我们注意到,如果两个复数 z 和 z' 相等,则它们的

象重合,于是
$$OM = OM' \Leftrightarrow r = r' \text{ 和 } \theta = \theta' + 2k\pi$$

两个复数相等的充分必要条件是它们有相同的模并且辐角(准确到 $2k\pi$)都相等.

例 7 (1)已知一个复数 $z = a + bi$,我们可以把它写成三角形式
$$z = r(\cos\theta + i\sin\theta)$$
模 r 和辐角 θ 由关系式
$$r^2 = a^2 + b^2 \text{ 或 } r = \sqrt{a^2 + b^2}$$
$$\cos\theta = \frac{a}{r} = \frac{a}{\sqrt{a^2 + b^2}}$$
$$\sin\theta = \frac{b}{r} = \frac{b}{\sqrt{a^2 + b^2}}$$
确定,我们把 $z = 4 - 3i$ 写成三角形式,就得到
$$r^2 = 16 + 9 = 25, r = 5$$
$$\cos\theta = \frac{4}{5}, \sin\theta = -\frac{3}{5}$$
这样,θ 属于区间 $\left[-\frac{\pi}{2}, 0\right]$.

(2)确定复数
$$z = -2\left(\cos\frac{\pi}{8} + i\sin\frac{\pi}{8}\right)$$
的模和辐角,这个关系被写成
$$z = 2\left(-\cos\frac{\pi}{8} - i\sin\frac{\pi}{8}\right)$$
$$= 2\left[\cos\left(\pi + \frac{\pi}{8}\right) + i\sin\left(\pi + \frac{\pi}{8}\right)\right]$$
z 的模是 2;它的辐角准确到 $2k\pi$ 是 $\frac{9\pi}{8}$.

附录 复数的基本知识

积的辐角 设 z 和 z' 是写成三角形式的两个复数

$$z = r(\cos\theta + i\sin\theta), z' = r'(\cos\theta' + i\sin\theta')$$

那么

$$zz' = rr'(\cos\theta + i\sin\theta)(\cos\theta' + i\sin\theta')$$

或

$$zz' = rr'[\cos\theta\cos\theta' - \sin\theta\sin\theta' + i(\cos\theta\sin\theta' + \sin\theta\cos\theta')]$$

即

$$zz' = rr'[\cos(\theta + \theta') + i\sin(\theta + \theta')]$$

我们重新发现了 zz' 的模是 z 与 z' 的模的积这个事实;此外,zz' 的一个辐角是 $\theta + \theta'$.

我们可以写

$$[r,\theta][r',\theta'] = [rr',\theta + \theta']$$

例如

$$\left[1,\frac{\pi}{3}\right]\left[2,\frac{\pi}{4}\right] = \left[2,\frac{7\pi}{12}\right]$$

商的辐角 我们假设 $z' \neq 0$,关系式 $z'' = \dfrac{z}{z'}$ 等价于 $z = z'z''$. 如果 $z'' = r''(\cos\theta'' + i\sin\theta'')$,我们得到

$$r(\cos\theta + i\sin\theta) = r'r''[\cos(\theta' + \theta'') + i\sin(\theta' + \theta'')]$$

我们重新发现了 $\dfrac{z}{z'}$ 的模是 z 和 z' 的模的商这个事实;此外,$\dfrac{z}{z'}$ 的一个辐角是 $\theta - \theta'$. 例如,若 $z = \left[6, -\dfrac{\pi}{4}\right]$ 和 $z' = \left[2, \dfrac{\pi}{2}\right]$,那么

$$z'' = \frac{z}{z'} = \left[3, -\frac{3\pi}{4}\right] = 3\left(\cos\frac{3\pi}{4} - i\sin\frac{3\pi}{4}\right)$$

$$= 3\left(-\frac{\sqrt{2}}{2} - i\frac{\sqrt{2}}{2}\right) = -3\frac{\sqrt{2}}{2}(1 + i)$$

1.9 复数 i,旋转算子

我们考察两个复数

$$z = [r,\theta] \text{ 和 } i = \left[1,\frac{\pi}{2}\right]$$

我们做乘积

$$iz = \left[1,\frac{\pi}{2}\right] \cdot [r,\theta] = \left[r,\theta+\frac{\pi}{2}\right]$$

iz 的模等于 z 的模,而每个辐角增加了 $\frac{\pi}{2}$. 这个结果的几何解释表明,iz 的象点 M' 由 z 的象点 M 在以 O 为中心的旋转中转 $\frac{\pi}{2}$ 得到(图 5).

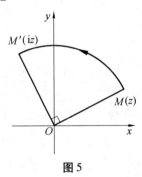

图 5

复数 iz 的象由以 O 为中心的旋转中将 z 的象转 $\frac{\pi}{2}$ 得到.

由更一般的方式,积

$$[1,\alpha][r,\theta] = [r,\alpha+\theta]$$

表明:$(\cos \alpha + i\sin \alpha)z$ 的象点 M' 由以 O 为中心的旋转中将 z 的象点 M 转 α 而得到(图 6). 这个结果使我们有可能在知道点 M 的坐标 (x,y) 时,确定 M' 的坐标 (x',y'). 事实上

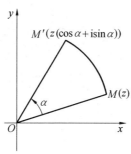

图 6

$$x' + iy' = (\cos \alpha + i\sin \alpha)(x + iy)$$
$$x' + iy' = x\cos \alpha - y\sin \alpha + i(x\sin \alpha + y\cos \alpha)$$

于是
$$x' = x\cos \alpha - y\sin \alpha$$
$$y' = x\sin \alpha + y\cos \alpha$$

1.10 棣美弗(de Moivre)公式

我们考察复数
$$z = r(\cos \theta + i\sin \theta)$$
它的模是 r,一个辐角是 θ. 我们计算
$$z^n = [r(\cos \theta + i\sin \theta)]^n$$
这里 n 是整数.

表达式 z^n 代表了 z 自乘 n 次的积. 那么,z^n 的模是 r^n,并且一个辐角是 $n\theta$,我们就得到下面的棣美弗公式
$$[r(\cos \theta + i\sin \theta)]^n = r^n(\cos n\theta + i\sin n\theta)$$
对于 $r = 1$,公式变成
$$(\cos \theta + i\sin \theta)^n = \cos n\theta + i\sin n\theta$$

这个公式使我们有可能从 $\cos \theta, \sin \theta, \tan \theta$ 出发来表示 $\cos n\theta, \sin n\theta, \tan n\theta$.

例 8 对于 $n = 3$,我们得到
$$(\cos \theta + i\sin \theta)^3 = \cos 3\theta + i\sin 3\theta$$

我们用二项式公式展开左端

$$\cos^3\theta + 3i\cos^2\theta\sin\theta - 3\cos\theta\sin^2\theta - i\sin^3\theta$$
$$= \cos 3\theta + i\sin 3\theta$$
$$\cos^3\theta - 3\sin^2\theta\cos\theta + i(3\cos^2\theta\sin\theta - \sin^3\theta)$$
$$= \cos 3\theta + i\sin 3\theta$$

使实数部分和虚数部分分别相等,我们有

$$\cos 3\theta = \cos^3\theta - 3\sin^2\theta\cos\theta = 4\cos^3\theta - 3\cos\theta$$
$$\sin 3\theta = 3\cos^2\theta\sin\theta - \sin^3\theta = 3\sin\theta - 4\sin^3\theta$$
$$\tan 3\theta = \frac{3\cos^2\theta\sin\theta - \sin^3\theta}{\cos^3\theta - 3\sin^2\theta\cos\theta} = \frac{3\tan\theta - \tan^3\theta}{1 - 3\tan^2\theta}$$

n 是负整数。在这种情况下,令 $n = -n'$,此处 $n' > 0$

$$(\cos\theta + i\sin\theta)^{-n'} = \frac{1}{(\cos\theta + i\sin\theta)^{n'}}$$
$$= \frac{1}{\cos n'\theta + i\sin n'\theta}$$

那么

$$(\cos\theta + i\sin\theta)^{-n'} = \cos(-n'\theta) + i\sin(-n'\theta)$$

而由 n 代替 $-n'$,我们就有

$$(\cos\theta + i\sin\theta)^n = \cos n\theta + i\sin n\theta$$

1.11 一个复数的 n 次根

设 $a = r(\cos\theta + i\sin\theta)$ 是一个复数,并且 n 是一个自然数,我们把使 $z^n = a$ 的一切复数 z 称作 a 的 n 次根.

如果 $a = 0$,则 $z = 0$ 是所提出问题的唯一解答. 今后,我们抛开 $a = 0$ 的情形,那么,$z = 0$ 不可能是解. 我们可以令

$$z = \rho(\cos\alpha + i\sin\alpha)$$

应用棣美弗公式,等式 $z^n = a$ 写成

$$\rho^n(\cos n\alpha + i\sin n\alpha) = r(\cos\theta + i\sin\theta)$$

即

$$\begin{cases} \rho^n = r \\ n\alpha = \theta + 2k\pi \end{cases}$$

因为 r 是正的,并且 ρ 应该是正的,所以存在一个唯一的数 ρ,亦即

$$\rho = \sqrt[n]{r}$$

另一方面

$$\alpha = \frac{\theta}{n} + 2k\frac{\pi}{n}$$

α 的任意一个值都对应于整数 k 的每一个值;但是,α 的不同于 2π 的并且表示同一个 z 的两个值,对应于 k 的不同于 n 的两个值. 于是,不同的解由 k 的 n 个值

$$0, 1, 2, 3, \cdots, n-1$$

得到.

这些解的模有共同值 $\sqrt[n]{r}$,它们的主辐角两两相差 $\frac{2\pi}{n}$. 其象是正 n 边形的顶点. 于是每一个复数严格说来有 n 个根,它们的象是以原点为中心的一个圆的内接正 n 边形的顶点. 这些根是

$$z_k = \sqrt[n]{r}\left[\cos\left(\frac{\theta}{n} + 2k\frac{\pi}{n}\right) + i\sin\left(\frac{\theta}{n} + 2k\frac{\pi}{n}\right)\right]$$

$$(k = 0, 1, 2, 3, \cdots, n-1)$$

例 9 (1)计算复数

$$a = r(\cos\theta + i\sin\theta) \qquad \qquad ⑦$$

的平方根.

(2)计算式⑦的立方根.

(3)计算方程 $z^5 = 7$ 的根.

解 （1）存在两个平方根

$$z_k = \sqrt{r}\left[\left(\cos\frac{\theta}{2} + k\pi\right) + i\sin\left(\frac{\theta}{2} + k\pi\right)\right](k \in \{0, 1\})$$

即

$$z_0 = \sqrt{r}\left(\cos\frac{\theta}{2} + i\sin\frac{\theta}{2}\right)$$

$$z_1 = \sqrt{r}\left[\cos\left(\frac{\theta}{2} + \pi\right) + i\sin\left(\frac{\theta}{2} + \pi\right)\right]$$

$$= -\sqrt{r}\left(\cos\frac{\theta}{2} + i\sin\frac{\theta}{2}\right)$$

它们两个互为相反数.

这样 $i = \left[1, \dfrac{\pi}{2}\right]$ 的平方根是

$$z_0 = \cos\frac{\pi}{4} + i\sin\frac{\pi}{4} = \frac{1}{\sqrt{2}}(1 + i)$$

$$z_1 = \cos\frac{3\pi}{4} = i\sin\frac{3\pi}{4} = -\frac{1}{\sqrt{2}}(1 + i)$$

（2）在这种情况下 $r = 1, \theta = 0, 1$ 的立方根有三个数

$$z_k = \cos 2k\frac{\pi}{3} + i\sin 2k\frac{\pi}{3} \; (k \in \{0, 1, 2\})$$

$$z_0 = 1$$

$$z_1 = \cos\frac{2\pi}{3} + i\sin\frac{2\pi}{3} = -\frac{1}{2} + i\frac{\sqrt{3}}{2}$$

$$z_2 = \cos\frac{4\pi}{3} + i\sin\frac{4\pi}{3} = -\frac{1}{2} - i\frac{\sqrt{3}}{2}$$

若以字母 ω 表示 $z_1 = -\dfrac{1}{2} + i\dfrac{\sqrt{3}}{2}$，则 $z_2 = \omega^2 = \bar{\omega}$.

于是，式⑦有三个立方根：$1, \omega, \omega^2$，它们的象是如图 7 所示的内接于半径为 1 的圆的一个等边三角形 ABC 的顶点.

附录 复数的基本知识

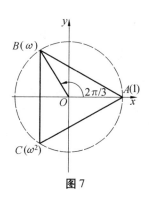

图 7

容易证实

$$1 + \omega + \omega^2 = 0$$

我们注意到,复数 $1, \omega, \omega^2$ 是方程

$$z^3 - 1 = 0$$

的解.

(3)我们有

$$\rho^5(\cos 5\theta + i\sin 5\theta) = 7$$

那么

$$\rho = \sqrt[5]{7}, 5\theta = 2k\pi$$

即

$$z_k = \sqrt[5]{7}\left(\cos \frac{2k\pi}{5} + i\sin \frac{2k\pi}{5}\right) (k \in \{0,1,2,3,4\})$$

它们的象是内接于以 O 为中心,以 $\sqrt[5]{7}$ 为半径的圆的正五边形的顶点.

1.12 一个复数的平方根的计算

平方根的计算可以无需运用复数的三角形式而完成. 事实上

$$z^2 = c \qquad ⑧$$

当 $c = 0$ 时有一个且只有一个解,即 0;当 $c \neq 0$ 时,它有

109

两个相反的解.

特别的,如果 c 是实数,方程⑧有:

(1) 一个解且只有一个解,即 0,如果 $c=0$;

(2) 两个相反的解,即实数 $\sqrt{c}$ 和 $-\sqrt{c}$,如果 $c>0$;

(3) 两个相反的解,即纯虚数 $i\sqrt{-c}$ 和 $-i\sqrt{-c}$,如果 $c<0$.

我们排除 $c=0$ 的最简单情形;把 z 和 c 写成笛卡儿形式
$$z = x + iy, c = a + ib$$

那么方程 $z^2 = c$ 等价于方程组
$$\begin{cases} x^2 - y^2 = a \\ 2xy = b \end{cases}$$

此外,在关系式 $z^2 = c$ 两端取模,我们得到
$$x^2 + y^2 = \rho$$

此处
$$\rho = \sqrt{a^2 + b^2}$$

此时,我们区别两种情况:

(1) 数 c 是实数. 那么 $a = c, b = 0$,并且两个数 x 和 y 中有一个为零.

如果 c 为正,关系式 $x = 0$ 是不可能的,因为它导致 $-y^2 = c > 0$. 剩下 $y = 0$,因此 $x^2 = c, x = \pm\sqrt{c}$.

如果 c 为负,关系式 $y = 0$ 是不可能的,因为它导致 $x^2 = c < 0$. 剩下 $x = 0$,由此 $y^2 = -c, y = \pm\sqrt{-c}, y = \pm i\sqrt{c}$.

(2) 数 c 不是实数. 方程⑧仍然等价于方程组
$$\begin{cases} 2x^2 = \rho + a \\ 2xy = b \end{cases}$$

数 $\rho + a$ 是一个正实数,因为 b 是非零的,由此

附录　复数的基本知识

$$x = \pm\sqrt{\frac{\rho+a}{2}}$$

及

$$y = \frac{b}{2x}$$

这样,我们得到了 z 的两个相反的值.

例 10　确定复数

$$-\frac{33}{4} - 14\mathrm{i}$$

的平方根.

解　应用上述方法,寻求实数二元组 (x,y) 使

$$(x+\mathrm{i}y)^2 = -\frac{33}{4} - 14\mathrm{i}$$

将上式分成实数部分和虚数部分,我们得到

$$\begin{cases} x^2 - y^2 = -\dfrac{33}{4} \\ xy = -7 \end{cases}$$

此外

$$x^2 + y^2 = \sqrt{\left(\frac{33}{4}\right)^2 + 14^2} = \sqrt{\frac{4\,225}{4^2}} = \frac{65}{4}$$

由此,$x^2 = 4, x = \pm 2$.

如果 $x = 2$,我们由关系 $xy = -7$ 得到 $y = -\dfrac{7}{2}$;如果 $x = -2$,则 $y = \dfrac{7}{2}$.

综上,得到解

$$z = \pm\left(2 - \frac{7}{2}\mathrm{i}\right)$$

1.13　应用于解复系数二次方程

我们用一个例子表明,怎样才能求解方程

$$z^2+2(1-i)z-6i-3=0$$
的解.

注意到 $z^2+2(1-i)z$ 表示一个平方的展开式的前两项,我们得到
$$z^2+2(1-i)z=[z+(1-i)]^2-(1-i)^2$$
方程变成
$$(z+1-i)^2-(1-i)^2-6i-3=0$$
或
$$(z+1-i)^2-3-4i=0$$
$$(z+1-i)^2=3+4i$$
令
$$Z=z+1-i$$
我们有
$$Z^2=3+4i$$
我们用前面的方法确定 Z
$$Z_1=2+i, Z_2=-2-i$$
方程的解是
$$z_1=2+i+i-1=1+2i$$
$$z_2=-2-i+i-1=-3$$

如果方程 $ax^2+bx+c=0$ 具有实系数,在判别式 $\Delta=b^2-4ac$ 是负数的情况下,数 Δ 在 **C** 中有两个相反的根,我们把它们写成 $\pm i\sqrt{-\Delta}$ 的形式,那么解就写成
$$x=\frac{-b\pm i\sqrt{4ac-b^2}}{2a}$$
并且是共轭复数.

这样,方程
$$x^2+2x+7=0$$

有解

$$x_1 = -1 + i\sqrt{6}, x_2 = -1 - i\sqrt{6}$$

在所有情况下,都可以运用二次方程的经典公式.

2 复数的变换

2.1 变换

如图 8 所示,考虑长方形 $OPQR$. 顶点 O, P, Q 及 R 可以用来分别表示复数 $0 + 0i, 4 + 0i, 4 + 2i$ 及 $0 + 2i$. 如果把 $3 + i$ 加到每一个数上,得出的结果是 $3 + i$, $7 + i, 7 + 3i$ 及 $3 + 3i$,它们分别由点 O', P', Q' 及 R' 表示. 这些点又组成一个与原来的长方形全等但位置不同的长方形. 事实上,我们可以认为长方形 $OPQR$ 没有经过旋转或者变形而移到了它的新位置. 当一个图形按照某种确定方式变化时,就叫作经过了一个变换,刚才所说的特殊类型的变换叫作平移.

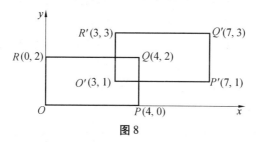

图 8

我们来进一步研究平移,它可以用等式 $w = z + a$ 来确定. 在上例中, a 是 $3 + i$, z 是原来图形中任一点, w 是新图形(或称映象)中相应的点. 例如,对于点 Q, 即 $z = 4 + 2i$, 它的映象 Q' 是 $w = 4 + 2i + 3 + i = 7 + 3i$. 一般的,$a$ 可以是任意复数.

到目前为止,可能使读者得出这样一个印象,变换就是按某种特殊方式只作用于顶点. 应当知道,如果取原图形中的任意一点,那么由同一等式也会产生新图形中相应的象点. 例如,$OPQR$ 的对角线的中点表示 $2+i$,而 $O'P'Q'R'$ 的对角线的中点表示
$$w = 2+i+3+i = 5+2i$$
事实上,对平面上任意点可以施行同一变换. 因此,我们可以说,平面上任一变换是这个平面的变换.

平移的另一个重要性质是具有一对一性,即原来图形中的每一点在变换后的图形上有且仅有一个象点,同时变换后的图形中的每一个点也必然是原来图形中的某一个而且仅仅是这一个点的象.

因为图 8 中的平面严格说来是具有 x 轴与 y 轴的 z 平面,这里,x 轴,y 轴对应于 $z = x+iy$ 中的 x,y. 我们常说,变换后的图形是在具有 u 轴与 v 轴的 w 平面内,u 轴,v 轴对应于 $w = u+iv$ 中的 u,v. 这就使我们认为,似乎应像图 9 中那样,采用两个分开的图.

然而,这种做法是不方便且不必要的. 数学家们在讲到 z 平面及 w 平面时,常常把它们表示在相同的轴上,实部(x 及 u)表示在一个轴上,虚部(y 及 v)表示在另一个轴上. 事实上,只需在轴上标上记号 x 及 y 就可以了.

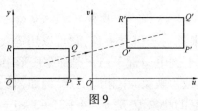

图 9

2.2 旋转

考虑变换 $w = az$,其中 $|a| = 1$,记 $z = r(\cos\theta + i\sin\theta)$, $a = \cos\varphi + i\sin\varphi$,那么

$$w = r(\cos\varphi + i\sin\varphi)(\cos\theta + i\sin\theta)$$
$$= r[\cos(\theta+\varphi) + i\sin(\theta+\varphi)]$$

因此 $|w| = |z|$;而且,就某一个值来说,$\arg w = \theta + \varphi = \arg z + \arg a$. 图 10 表示一个三角形区域的变换.

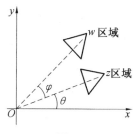

图 10

在 w 平面内与在 z 平面内的区域一样,只是它绕原点旋转了一个角度 φ. 变换 $w = az(|a| = 1)$ 叫作旋转,这里有两个有趣的特例:

(1) 如果 $\varphi = \dfrac{1}{2}\pi$,那么,$w = iz$. 这样,乘以 i 相当于按逆时针方向旋转一个直角;

(2) 如果 $\varphi = \pi$,那么,$w = -z$. 因而,使变量取相反数相当于旋转两个直角,而且变换后的区域是原来的区域关于原点的一个反射图形.

2.3 伸缩

考虑变换 $w = \rho z$,其中 ρ 是正实数. 那么,$u = \rho x$, $v = \rho y$.

如图 11 所示,在 w 平面内与在 z 平面内的区域是

相似的,而以原点为位似中心,但是 w 图形的量度是 z 图形的量度的 ρ 倍. 变换 $w = \rho z$ 叫作关于原点 O 的一个伸缩,使得当 $P \to P'$ 时,有 $\dfrac{OP'}{OP} = \rho$.

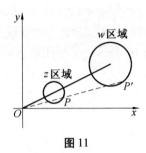

图 11

例 11 说出在变换 $w = \rho z$ 下, w 区域与 z 区域之间的差别,其中 ρ 是负实数.

解 因为 ρ 是负实数, $\rho = -\sigma$,这里 σ 是正实数. 记 $z' = \sigma z$,这里 $z' = x' + iy'$,于是
$$w = -z'$$
因此 $w = \rho z$ 是一个复合变换.

w 区域在形状上同 z 区域相似,但是伸缩了 ρ 倍,而且关于原点互为反射图形(图 12).

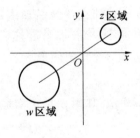

图 12

2.4 一般线性变换

一般线性变换
$$w = az + b$$
其中 a, b 是复数. 这是一个平移、一个旋转与一个伸缩的复合变换. 这是因为, 如果 $a = \rho(\cos\varphi + i\sin\varphi)$, 我们可以写出

$$z' = (\cos\varphi + i\sin\varphi)z \quad （旋转）$$
$$w' = \rho z' \quad （伸缩）$$

以及
$$w = w' + b \quad （平移）$$

所以, 在 $w = az + b$ 中, b 表示一个平移, $\arg a$ 表示一个旋转, $|a|$ 表示一个伸缩. 一般线性变换也有一对一性, 并且能保持所有图形的形状不变 (仅仅改变大小).

例12 把由直线 $x = 0, x = 1, y = 0, y = 2$ 围成的长方形经过变换 $w = iz + 3 + 2i$ 后, 在 w 平面内所成的象, 描出一个简图.

解 记 $z = x + iy, w = u + iv$, 那么
$$u + iv = ix - y + 3 + 2i$$
即
$$u = 3 - y$$
$$v = x + 2$$

因此, 在 w 平面内围成长方形的直线是 $u = 3 - 0 = 3$, $u = 3 - 2 = 1, v = 0 + 2 = 2$ 及 $v = 1 + 2 = 3$.

变换 $w = iz + 3 + 2i$ 是 $w = az + b$ 的形式, 并且可以看成先旋转 $\dfrac{1}{2}\pi$, 再作一个平移 $(3, 2)$, 它的象如图 13 所示. 因为 $|a| = 1$, 区域变换后没有伸缩.

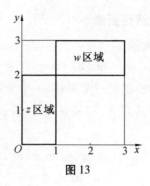

图 13

2.5 反演

考虑变换

$$w = \frac{1}{z} \quad (z \neq 0) \qquad ⑨$$

若 $z = r(\cos\theta + i\sin\theta)$,则

$$\frac{1}{z} = \frac{1}{r}[\cos(-\theta) + i\sin(-\theta)]$$

即

$$|w| = \frac{1}{r}$$

$$\arg w = -\theta \qquad ⑩$$

因此,我们可以把等式⑨看作由两个分开的变换组成. 首先考虑具有模 r 的复数 z. 我们把具有相同辐角 θ,但模为 $\frac{1}{r}$ 的复数 z',叫作 z 关于中心在原点的单位圆的反演[①]. 图 14(a)表示点 z 及其反演 z'.

其次,在变换⑨中,任何对应于某个 z 值的 w 是一

---

① 这里提到的反演是指平面几何中所说的反演

个模数与 z' 相同但辐角与 z' 反号的复数,即 w 是 z' 的共轭复数. 图 14(b) 表示 w 是 z' 关于 $\theta=0$ 的反射点.

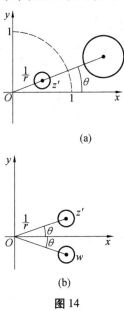

图 14

变换⑨称为反演. 容易看出,根据式⑩,z 平面内经过原点的直线变换成 w 平面内经过原点的直线(图 15).

此外,反演把单位圆外所有 $r>1$ 的点,都变成单位圆内 $r<1$ 的点,同时又把单位圆内除圆心以外的点,变成单位圆外的点. 因此,一般的,它必然要引起图形形状的改变,虽然也有某些特殊图形的形状可以保持不变.

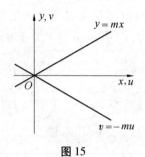

图 15

2.6 一般双线性变换

反演是双线性变换

$$w = \frac{az+b}{cz+d}(cz+d \neq 0) \qquad ⑪$$

的一个特例. 注意: 如果 $cz+d=0$, 变换没有定义. 在本书中, 除非另有说明, 我们假定 $cz+d \neq 0$ 这个条件总是满足的.

考虑变换序列

$$\begin{cases}(1) z' = cz+d(cz+d \neq 0) \\ (2) w' = \dfrac{1}{z'} \\ (3) w = \dfrac{a}{c} + w'\left(\dfrac{bc-ad}{c}\right)\end{cases} \qquad ⑫$$

把(1)代入(2), 再代入(3), 结果表明这个序列就相当于变换⑪. ⑫中的变换(1)和(3)是线性变换, (2)是反演. 所有这些类型的变换都有一对一性, 因此双线性变换也有一对一性.

2.7 保圆性

圆的一般方程是

$$x^2 + y^2 + 2gx + 2fy + c = 0 \qquad ⑬$$

其中 $g^2+f^2>c$.

现在,在⑫中,线性变换是保形的,因此只是由反演部分(2)来决定双线性变换⑪如何改变形状,所以我们要在反演

$$w=\frac{1}{z}$$

下来考察圆的方程.

因为 $z=x+\mathrm{i}y, \bar{z}=x-\mathrm{i}y$,⑬可以写成

$$z\bar{z}+g(z+\bar{z})+f\mathrm{i}(\bar{z}-z)=c=0$$

记 $\lambda=g+f\mathrm{i}, \bar{\lambda}=g-f\mathrm{i}$,就有

$$z\bar{z}+\bar{\lambda}z+\lambda\bar{z}+c=0 \qquad ⑭$$

考虑 $W=\bar{w}=\overline{\frac{1}{z}}$,它等价于 $\bar{z}=\frac{1}{W}$ 及 $z=\frac{1}{\bar{W}}$. 如果 z 满足⑭,那么 W 满足

$$\frac{1}{\bar{W}W}+\frac{\bar{\lambda}}{\bar{W}}+\frac{\lambda}{W}+c=0$$

即

$$cW\bar{W}+\bar{\lambda}W+\lambda\bar{W}+1=0 \quad ①$$

它同⑭的形式一样,由此得出,在变换 $W=\frac{1}{z}$ 下,每一个圆仍变到一个圆. 关系 $w=\bar{W}$ 是一个简单的反射,它保持所有图形的形状不变;因此,由 $W=\frac{1}{z}$ 的保圆性,也就得出 $w=\frac{1}{z}$(它可以看作 $W=\frac{1}{z}$ 与 $w=\bar{W}$ 的

---

① 这里应有条件 $c\neq 0$,即原来的圆不经过原点. 如果经过原点,则反演的结果是一直线. 但如果把直线看作半径为无限大的圆,那么就不需再加条件 $c\neq 0$.

复合变换)有保圆性①. 所以,一般双线性变换也就有保圆性.

例 13 考虑变换 $w = \dfrac{1+z}{1-z}$. 证明如果 z 限定在 y 轴上,那么 w 的轨迹是中心在原点的一个圆.

因为 $w = \dfrac{1+z}{1-z}$,所以 $z = \dfrac{w-1}{w+1}$. 记 $z = x + \mathrm{i}y, w = u + \mathrm{i}v$,那么

$$x + \mathrm{i}y = \frac{(u-1)+\mathrm{i}v}{(u+1)+\mathrm{i}v} = \frac{[(u-1)+\mathrm{i}v][(u+1)-\mathrm{i}v]}{(u+1)^2+v^2}$$

$$= \frac{u^2-1+v^2+2\mathrm{i}v}{(u+1)^2+v^2}$$

比较实部与虚部,得

$$x = \frac{u^2+v^2-1}{(u+1)^2+v^2}$$

$$y = \frac{2v}{(u+1)^2+v^2}$$

如果 z 限定在 y 轴上,则 $x = 0$,即 $u^2 + v^2 = 1$. 因此,w 的轨迹是以原点为中心的单位圆.

2.8 变换 $w = z^m$

如果在变换 $w = f(z)$ 下,对于在 z 平面内的每一个点,在 w 平面内有多于一个的点与它对应,那么这个变换叫作一对多的. 反过来,如果 z 平面内有多于一个的点对应于 w 平面内的同一个点,那么这个变换叫作

---

① 也可以直接对⑭作变换 $w = \dfrac{1}{z}$,得出 $cw\bar{w} + \bar{\lambda}w + \lambda w + 1 = 0$,它仍表示一个圆(或直线),从而证明 $w = \dfrac{1}{z}$ 有保圆性.

附录 复数的基本知识

多对一的.

我们考虑变换 $w = z^m$. 对 w 平面内的每一个点,在 z 平面内有 m 个点与它对应,因此这个变换是多对一的. 由于 $z = r(\cos\theta + i\sin\theta)$,我们有
$$w = r^m(\cos m\theta + i\sin m\theta)$$
因此,整个 w 平面($0 \leqslant m\theta < 2\pi$)可与 z 平面内中心角均为 $\dfrac{2\pi}{m}$ 的 m 个扇形中的每一个相对应,这些扇形是
$$0 \leqslant \theta < \frac{2\pi}{m}, \frac{2\pi}{m} \leqslant \theta < \frac{4\pi}{m}, \cdots, \frac{2(m-1)\pi}{m} \leqslant \theta < 2\pi$$
同时可知,如果 z 描出围绕原点的一个圆 1 次,那么,对应的 w 将描出围绕原点的一个圆 m 次.

例 14 如果 $w = u + iv$ 及 $z = x + iy$ 通过变换 $w = z^2$ 来联系,在 z 平面内描出与 w 平面内由 $u = 1, u = 2$ 及 $v = 1, v = 2$ 围成的长方形相对应的区域的简图.

解 有
$$w = z^2$$
$$u + iv = (x + iy)^2 = (x^2 - y^2) + 2ixy$$
$$u = x^2 - y^2$$
$$v = 2xy$$

于是,在 w 平面内由 u 为常数及 v 为常数给出的直线,分别对应于 z 平面内的双曲线 $x^2 - y^2 = c$ 及 $xy = \dfrac{1}{2}c$.

如图 16(a) 所示在 z 平面内的双曲线 $x^2 - y^2 = 1$ 及 $x^2 - y^2 = 2$ 的图形,它们对应于 w 平面内的直线 $u = 1$ 及 $u = 2$. 如图 16(b) 所示,在 z 平面内的双曲线 $xy = \dfrac{1}{2}$ 及 $xy = 1$ 的图形,它们对应于 w 平面内的直线 $v = 1$ 及

$v = 2$.

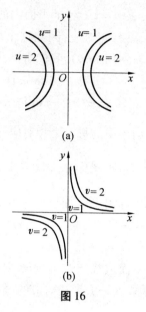

图 16

图 17 中画出了当 $u=1, u=2$ 及 $v=1, v=2$ 时的所有曲线,其中 w 平面内的简单的正方形区域(如图 17(a)所示)与 z 平面内的两个不太简单的区域(如图 17(b)所示)形成对比.

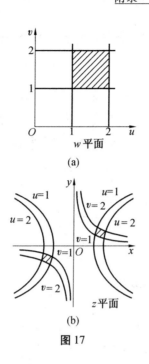

图 17

3 指数形式与复数的表示

复数的表示形式 $x+\mathrm{i}y$ 与 $r(\cos\theta+\mathrm{i}\sin\theta)$ 基本上是相似的,因为它们之中的每一种形式都是实部与虚部的代数和. 与坐标 (r,θ) 相对应的复数还可以表示成指数形式

$$z = r\mathrm{e}^{\mathrm{i}\theta}$$

其中 $\mathrm{e}^{\mathrm{i}\theta} \equiv \cos\theta + \mathrm{i}\sin\theta$. 指数形式也可写成 $r\exp(\mathrm{i}\theta)$. 为了得到指数形式,需用麦克劳林(Maclaurin)级数来展开函数.

3.1 指数函数与三角函数的幂级数

如果一个函数 $f(x)$ 满足:
(1) 连续;
(2) 当 $x \to 0$ 时趋向于一个极限;
(3) 在 $x = 0$ 的领域内有连续的各阶导函数.
它就可以表示成一个 x 的无穷幂级数的形式

$$f(x) = f(0) + f'(0)x + f''(0)\frac{x^2}{2!} + f'''(0)\frac{x^3}{3!} + \cdots$$

这就是 $f(x)$ 的麦克劳林展开式.

例 15 对所有 x,把 $\sin x$ 展开成关于 x 的幂级数.

解 $\sin x$ 以及它的各阶导数满足麦克劳林级数要求的条件,我们有

$$f(x) = \sin x, f(0) = 0$$
$$f'(x) = \cos x, f'(0) = 1$$
$$f''(x) = -\sin x, f''(0) = 0$$
$$f'''(x) = -\cos x, f'''(0) = -1$$
$$f^{(4)}(x) = \sin x, f^{(4)}(0) = 0$$
$$f^{(5)}(x) = \cos x, f^{(5)}(0) = 1$$
$$\vdots$$

因此展开式的前 8 项是

$$\sin x = 0 + x + 0 \cdot \frac{x^2}{2!} - \frac{x^3}{3!} + 0 \cdot \frac{x^4}{4!} + \frac{x^5}{5!} + 0 \cdot \frac{x^6}{6!} - \frac{x^7}{7!} + \cdots$$

即

$$\sin x = x - \frac{x^3}{3!} + \frac{x^5}{5!} - \frac{x^7}{7!} + \cdots$$

类似的,我们可以证明,对所有 x

$$\cos x = 1 - \frac{x^2}{2!} + \frac{x^4}{4!} - \frac{x^6}{6!} + \cdots$$

以及
$$e^x = 1 + x + \frac{x^2}{2!} + \frac{x^3}{3!} + \cdots$$

含一个复变量 z 的指数函数与三角函数定义为 z 的幂级数，它们分别与指数或三角函数的关于 x 的实幂级数相对应，即

$$\exp z = e^z = 1 + z + \frac{z^2}{2!} + \frac{z^3}{3!} + \cdots \quad ⑮$$

$$\sin z = z - \frac{z^3}{3!} + \frac{z^5}{5!} - \frac{z^7}{7!} + \cdots \quad ⑯$$

$$\cos z = 1 - \frac{z^2}{2!} + \frac{z^4}{4!} - \frac{z^6}{6!} + \cdots \quad ⑰$$

3.2 表示式 $e^{i\theta}$

从⑮并利用⑯及⑰，我们有

$$\exp i\theta = e^{i\theta} = 1 + i\theta - \frac{\theta^2}{2!} - \frac{i\theta^3}{3!} + \frac{\theta^4}{4!} + \frac{i\theta^5}{5!} - \cdots$$

$$= \left(1 - \frac{\theta^2}{2!} + \frac{\theta^4}{4!} - \cdots\right) + i\left(\theta - \frac{\theta^3}{3!} + \frac{\theta^5}{5!} - \cdots\right)$$

$$= \cos\theta + i\sin\theta \quad ⑱$$

因此我们有

$$z = r(\cos\theta + i\sin\theta) = re^{i\theta}$$

这就是复数的指数形式.

值得注意的是

$$e^z = e^{(x+iy)} = e^x e^{iy} = e^x(\cos y + i\sin y)$$

因此 $|e^z| = e^x$，而且 $\arg(e^z) = y$.

从⑱，我们得到一些特殊值

$$\exp\left(\frac{1}{2}\pi i\right) = \cos\frac{1}{2}\pi + i\sin\frac{1}{2}\pi = i$$

$$\exp(\pi i) = \cos \pi + i\sin \pi = -1$$

$$\exp\left(\frac{3}{2}\pi i\right) = \cos\frac{3}{2}\pi + i\sin\frac{3}{2}\pi = -i$$

$$\exp(2\pi i) = \cos 2\pi + i\sin 2\pi = 1$$

根据棣美弗定理还可得出,当 n 为整数时

$$(\exp i\theta)^n = (\cos\theta + i\sin\theta)^n = \cos n\theta + i\sin n\theta = \exp(in\theta)$$

因此,一般的,当 n 是整数时

$$\exp(n\pi i) = (-1)^n$$

$$\exp(2n\pi i) = 1$$

$$\exp\left(\frac{2n+1}{2}\pi i\right) = i(-1)^n$$

例 16 把 $\ln z$ 表示成 $a+ib$ 的形式,这里 z 是复数,a,b 是实数.

解 记 $z = r\exp[i(\theta+2\pi k)], k = 0,1,2,\cdots,$ 那么

$$\ln z = \ln\{r\exp[i(\theta+2\pi k)]\}$$
$$= \ln r + \ln \exp[i(\theta+2\pi k)]$$
$$= \ln r + i(\theta+2\pi k)$$

把上式改用 x,y 表示,这里 $z = x+iy$

$$\ln z = \ln\sqrt{x^2+y^2} + i\left(\arctan\frac{y}{2} + 2\pi k\right)$$

$\ln z$ 的主值是

$$\ln z = \ln\sqrt{x^2+y^2} + i\arctan\frac{y}{x}$$

3.3 三角函数与双曲函数

我们有

$$e^{i\theta} = \cos\theta + i\sin\theta$$
$$e^{-i\theta} = \cos\theta - i\sin\theta$$

因此

$$\cos\theta = \frac{e^{i\theta}+e^{-i\theta}}{2}$$

$$\sin\theta = \frac{e^{i\theta}-e^{-i\theta}}{2i}$$

这些式子就是 $\sin\theta$ 及 $\cos\theta$ 的指数表示式,并且可以考虑作为 $\sin\theta$ 及 $\cos\theta$ 的另一种定义.

我们还可以方便地定义新的函数 $\operatorname{ch}\theta$ 及 $\operatorname{sh}\theta$

$$\operatorname{ch}\theta = \frac{e^{\theta}+e^{-\theta}}{2},\operatorname{sh}\theta = \frac{e^{\theta}-e^{-\theta}}{2}$$

这里的 ch 及 sh 分别称为双曲余弦及双曲正弦. 双曲正切(th)、双曲余切以及倒双曲函数的定义如下

$$\operatorname{th}\theta = \frac{\operatorname{sh}\theta}{\operatorname{ch}\theta},\operatorname{coth}\theta = \frac{1}{\operatorname{th}\theta}$$

$$\operatorname{csch}\theta = \frac{1}{\operatorname{sh}\theta},\operatorname{sech}\theta = \frac{1}{\operatorname{ch}\theta}$$

注 在 3.3 的每一个等式中,θ 都可以用一个复变量 z 代换. $\operatorname{ch}\theta,\operatorname{sh}\theta$ 及 $\operatorname{th}\theta$ 的图像如图 18,19 及 20 所示. 可以看出,$\operatorname{ch}(-\theta)=\operatorname{ch}\theta,\operatorname{sh}(-\theta)=-\operatorname{sh}\theta$ 以及 $\operatorname{th}(-\theta)=-\operatorname{th}\theta$.

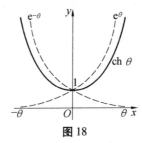

图 18

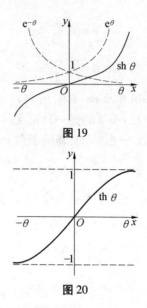

图 19

图 20

3.4 双曲函数的公式

由于 $\cos\theta, \sin\theta, \ch\theta, \sh\theta$ 的定义对 θ 是实数或复数都能适用,我们可以在每个定义中用 $i\theta$ 替换 θ。例如,考虑 $\cos i\theta$,我们有 $\cos\theta = \dfrac{e^{i\theta}+e^{-i\theta}}{2}$,因此,用 $i\theta$ 代替 θ,可得

$$\cos i\theta = \frac{e^{-\theta}+e^{\theta}}{2} = \ch\theta$$

类似的

$$\begin{cases}\sin i\theta = i\sh\theta \\ \ch i\theta = \cos\theta \\ \sh i\theta = i\sin\theta\end{cases} \qquad ⑲$$

我们知道下列关于三角函数的公式,它们对于 θ 及 φ 的值是实数或是复数都是成立的

附录　复数的基本知识

$$\cos^2\theta + \sin^2\theta = 1$$
$$\sec^2\theta - \tan^2\theta = 1$$
$$\csc^2\theta - \cot^2\theta = 1$$
$$\cos 2\theta = \cos^2\theta - \sin^2\theta$$
$$\sin 2\theta = 2\sin\theta\cos\theta$$
$$\cos(\theta \pm \varphi) = \cos\theta\cos\varphi \mp \sin\theta\sin\varphi$$
$$\sin(\theta \pm \varphi) = \sin\theta\cos\varphi \pm \cos\theta\sin\varphi$$

由等式⑲,我们可以把 $\cos i\theta$ 改写为 $\operatorname{ch}\theta$,把 $\sin i\theta$ 改写为 $i\operatorname{sh}\theta$,由此导出关于双曲函数的公式

$$\operatorname{ch}^2\theta - \operatorname{sh}^2\theta = 1$$
$$\operatorname{sech}^2\theta + \operatorname{th}^2\theta = 1$$
$$\operatorname{coth}^2\theta - \operatorname{csch}^2\theta = 1$$
$$\operatorname{ch}2\theta = \operatorname{ch}^2\theta + \operatorname{sh}^2\theta$$
$$\operatorname{sh}2\theta = 2\operatorname{sh}\theta\operatorname{ch}\theta$$
$$\operatorname{ch}(\theta \pm \varphi) = \operatorname{ch}\theta\operatorname{ch}\varphi \pm \operatorname{sh}\theta\operatorname{sh}\varphi$$
$$\operatorname{sh}(\theta \pm \varphi) = \operatorname{sh}\theta\operatorname{ch}\varphi \pm \operatorname{ch}\theta\operatorname{sh}\varphi$$

现在让我们考虑 $\cos z$,其中 $z = x + iy$. 从余弦加法公式得

$$\cos z = \cos(x + iy) = \cos x \cos iy - \sin x \sin iy$$
$$= \cos x \operatorname{ch} y - i\sin x \operatorname{sh} y$$

这个公式对所有的 x,y 都成立,但最令人感兴趣的是当 x 与 y 都是实数时的情况,这时,公式给出 $\cos z$ 的实部与虚部. 类似的,我们有

$$\sin(x + iy) = \sin x \cos iy + \cos x \sin iy$$
$$= \sin x \operatorname{ch} y + i\cos x \operatorname{sh} y$$
$$\operatorname{ch}(x + iy) = \operatorname{ch} x \operatorname{ch} iy + \operatorname{sh} x \sin iy$$
$$= \operatorname{ch} x \cos y + i\operatorname{sh} x \sin y$$
$$\operatorname{sh}(x + iy) = \operatorname{sh} x \operatorname{ch} iy + \operatorname{ch} x \operatorname{sh} iy$$

$$= \text{sh } x\cos y + i\text{ch } x\sin y$$

例 17 解方程 $\cos z = a$, 其中 a 是实数, 且 $|a| \leq 1$.

令 $z = x + iy$, 列出实部与虚部的等式, 我们有
$$\cos x \text{ch } y = a, \sin x \text{sh } y = 0$$
从第二个方程可知, 或者 $x = k\pi$, 其中 k 是整数, 或者 $y = 0$. 如果 $x = k\pi$, 那么 $\text{ch } y = \pm a$, 在 $y \neq 0$ 的情况下, 这是不可能的, 因为 $|a| \leq 1$. 于是 $y = 0$, 且 $\cos x = a$, 这时方程的解为
$$z = 2k\pi \pm \arccos a$$

3.5 一个正弦量的复数表示

1. 我们考察振幅为 a, 角频率为 ω 的正弦函数
$$x = a\cos(\omega t + \varphi)$$
在平面 xOy 中, 长度为 a 而极角为
$$(\overrightarrow{OX}, \overrightarrow{OM}) = \omega t + \varphi$$
的向量 $\overrightarrow{OM}$ 使该正弦函数与 t 的每个值相对应.

如果 M' 是 M 在 Ox 上的正投影, 则
$$\overrightarrow{OM'} = x = a\cos(\omega t + \varphi)$$

如图 21 所示, 菲涅耳 (Fresnel) 方法在于, 从称作位相原轴 (axe origine des phases) 的一条轴 Ox 出发, 由使

附录　复数的基本知识

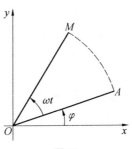

图 21

$$(\overrightarrow{OX},\overrightarrow{OA})=\varphi,\overrightarrow{OA}=a$$

的向量 $\overrightarrow{OA}$ 表示正弦振动 $x=a\cos(\omega t+\varphi)$.

这个向量 $\overrightarrow{OA}$ 不是别的, 恰恰是 $\overrightarrow{OM}$ 当 $t=0$ 的表示(每一个向量都看作向量 $\overrightarrow{OA}$ 以角速度 ω 绕 O 转动).

如果 X 和 Y 是 $\overrightarrow{OM}$ 在两个轴上的分量

$$X=a\cos(\omega t+\varphi)$$
$$Y=a\sin(\omega t+\varphi)$$

那么

$$X+\mathrm{i}Y=a[\cos(\omega t+\varphi)+\mathrm{i}\sin(\omega t+\varphi)]=a\mathrm{e}^{\mathrm{i}(\omega t+\varphi)}$$

点 M 是复数 $a\mathrm{e}^{\mathrm{i}(\omega t+\varphi)}$ 的象.

以向量 $\overrightarrow{OA}$ 作为象的表达式 $\mathscr{A}=a\mathrm{e}^{\mathrm{i}\varphi}$ 表示出正弦振动

$$x=a\cos(\omega t+\varphi)$$

的复值幅.

这样, 正弦振动

$$x=5\cos\left(\omega t+\frac{\pi}{3}\right)$$

的复值幅是 $\mathscr{A}=5\mathrm{e}^{\mathrm{i}\frac{\pi}{3}}$.

正弦振动
$$x = 3\sin \omega t = 3\cos\left(\omega t - \frac{\pi}{2}\right)$$
的复值幅是 $\mathscr{A} = 3\mathrm{e}^{-\mathrm{i}\frac{\pi}{2}} = -3\mathrm{i}.$

2. 同一角频率的两个正弦振动的合成.

设
$$x_1 = a_1\cos(\omega t + \varphi_1) \text{ 及 } x_2 = a_2\cos(\omega t + \varphi_2)$$
是由其象向量 $\overrightarrow{OA_1}$ 和 $\overrightarrow{OA_2}$ 表示的同一角频率的两个正弦振动. 其复值幅是
$$\mathscr{A}_1 = a_1\mathrm{e}^{\mathrm{i}\varphi_1} \text{ 及 } \mathscr{A}_2 = a_2\mathrm{e}^{\mathrm{i}\varphi_2}$$
合成振动由这样的向量 $\overrightarrow{OA}$ 定义(如图 22 所示).

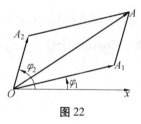

图 22

因此,它的复值幅是
$$\mathscr{A} = \mathscr{A}_1 + \mathscr{A}_2 = a_1\mathrm{e}^{\mathrm{i}\varphi_1} + a_2\mathrm{e}^{\mathrm{i}\varphi_2}$$
$$\mathscr{A} = a_1(\cos\varphi_1 + \mathrm{i}\sin\varphi_1) + a_2(\cos\varphi_2 + \mathrm{i}\sin\varphi_2)$$
即
$$\mathscr{A} = (a_1\cos\varphi_1 + a_2\cos\varphi_2) + \mathrm{i}(a_1\sin\varphi_1 + a_2\sin\varphi_2)$$
合成振动的振幅 a 是
$$a = \sqrt{(a_1\cos\varphi_1 + a_2\cos\varphi_2)^2 + (a_1\sin\varphi_1 + a_2\sin\varphi_2)^2}$$
相移角 φ 有正切
$$\tan\varphi = \frac{a_1\sin\varphi_1 + a_2\sin\varphi_2}{a_1\cos\varphi_1 + a_2\cos\varphi_2}$$

附录 复数的基本知识

因此,振动的表达式是

$$x = a\cos(\omega t + \varphi)$$

3. 有同一振幅 a 而其角频率是公差为 φ 的算术数列的 n 个正弦振动的合成.

已知振动

$$x_1 = a\cos \omega t$$
$$x_2 = a\cos(\omega t + \varphi)$$
$$x_3 = a\cos(\omega t + 2\varphi)$$
$$\vdots$$
$$x_n = a\cos[\omega t + (n-1)\varphi]$$

图 23 表示了由菲涅耳建立的前三个振动的合成

$$\overrightarrow{OA_3} = \overrightarrow{OA_1} + \overrightarrow{A_1A_2} + \overrightarrow{A_2A_3}$$

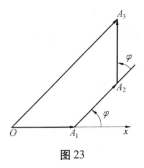

图 23

它们的和的复值幅 $\mathscr{A}$ 由

$$\mathscr{A} = a + ae^{i\varphi} + ae^{2i\varphi} + ae^{3i\varphi} + \cdots + ae^{(n-1)i\varphi}$$
$$\mathscr{A} = a(1 + e^{i\varphi} + e^{2i\varphi} + e^{3i\varphi} + \cdots + e^{(n-1)i\varphi})$$

确定. 首项是 1 而公比是 $e^{i\varphi}$ 的几何级数的前 n 项之和 S 是

$$S = \frac{1 - e^{in\varphi}}{1 - e^{i\varphi}}$$

于是

$$\mathscr{A} = a\frac{1-e^{in\varphi}}{1-e^{i\varphi}} = a\frac{e^{\frac{in\varphi}{2}}(e^{-\frac{in\varphi}{2}} - e^{\frac{in\varphi}{2}})}{e^{\frac{i\varphi}{2}}(e^{-\frac{i\varphi}{2}} - e^{\frac{i\varphi}{2}})}$$

$$\mathscr{A} = ae^{\frac{i(n-1)\varphi}{2}} \frac{\sin\frac{n\varphi}{2}}{\sin\frac{\varphi}{2}}$$

那么,合成振动是

$$x = a\frac{\sin\frac{n\varphi}{2}}{\sin\frac{\varphi}{2}}\cos\left[\omega t + \frac{(n-1)\varphi}{2}\right]$$

3.6　一个正弦函数的导数的指数函数表示

设正弦振动 $x = a\cos(\omega t + \varphi)$ 有复值幅 $\mathscr{A} = ae^{i\varphi}$,在向量上由 $\overrightarrow{OA}$ 表示(如图24所示). 函数

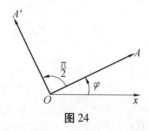

图24

$$\frac{dx}{dt} = -\omega a\sin(\omega t + \varphi) = \omega a\cos\left(\omega t + \varphi + \frac{\pi}{2}\right)$$

在向量上由模为 ωa 且使

$$(\overrightarrow{OA}, \overrightarrow{OA'}) = \frac{\pi}{2}$$

的向量 $\overrightarrow{OA'}$ 表示出来.

导函数的复值幅是

$$\mathscr{A}' = \omega a e^{i(\varphi + \frac{\pi}{2})}$$

这个表达式在电学之交流电的研究中经常用到.

注 我们将在积分学和微分方程中,看到复数的各种应用. 现在,我们把它们用在电学的某些应用中.

4 复数的模

4.1 预备知识

若 $z \in \mathbf{C}$,则 $|z|$ 表示 z 的模长,因为复数对应于复平面上的一个复向量,所以 $|z|$ 表示这个向量的长度. 这个符号最早是由德国数学家魏尔斯特拉斯(Weierstrass, Karl Theodor Wilhelm, 1815—1897)于 1841 年提出并首先引用的,后来在 1905 年,甘斯用这个符号来表示向量的长度,有时也把这个长度叫作绝对值. 魏尔斯特拉斯指出,复数的绝对值是它的模. 用向量解释复数,模、绝对值、长度都是一致的. 可见甘斯符号的合理性,因而也一直用到现在.

在数学竞赛中复数的模也是一个重要的内容,我们先复习一下它的几个简单性质:

(1) $|z| = |\bar{z}|$, $|z|^2 = z \cdot \bar{z}$;

(2) $|z_1 z_2| = |z_1| |z_2|$, $\left|\dfrac{z_1}{z_2}\right| = \dfrac{|z_1|}{|z_2|} (z_2 \neq 0)$;

(3) $||z_1| - |z_2|| \leqslant |z_1 + z_2| \leqslant |z_1| + |z_2|$,当 z_1 或 z_2 中有一个为零时,上述不等式成为等式;当 $z_1 z_2 \neq 0$

时,当且仅当$|\arg z_1 - \arg z_2| = \pi$时,左边取等号;当且仅当$\arg z_1 = \arg z_2$时,右边取等号.

类似的,还有
$$||z_1| - |z_2|| \leqslant |z_1 - z_2| \leqslant |z_1| + |z_2|$$
称为三角形不等式;

(4) $\max\{\mathrm{Re}(z), \mathrm{Im}(z)\} \leqslant |z| \leqslant |\mathrm{Re}(z) + \mathrm{Im}(z)|$.

4.2 模的计算

模的计算问题一般依赖于模的定义及前面所列的性质(1)和性质(2).

例19 (1983年上海市高中竞赛)计算
$$\left| \frac{(\sqrt{3}+\sqrt{2}\mathrm{i})(\sqrt{5}+\sqrt{2}\mathrm{i})(\sqrt{5}+\sqrt{3}\mathrm{i})}{(\sqrt{2}-\sqrt{3}\mathrm{i})(\sqrt{2}-\sqrt{5}\mathrm{i})} \right|$$

解 原式 $= |\sqrt{5}+\sqrt{3}\mathrm{i}|^2 = 8$.

例20 若$z \in \mathbf{C}$,满足$3z^6 + 2\mathrm{i}z^5 - 2z - 3\mathrm{i} = 0$,求$|z|$.

解 方程可化为
$$z^5 = \frac{2z + 3\mathrm{i}}{3z + 2\mathrm{i}}$$

设$z = a + b\mathrm{i}(a, b \in \mathbf{R})$,则

$$|z|^5 = \sqrt{\frac{4(a^2+b^2)+12b+9}{9(a^2+b^2)+12b+4}} \qquad ⑳$$

若$a^2 + b^2 > 1$,则式⑳左边$= |z|^5 > 1$,而右边< 1,矛盾;

若$a^2 + b^2 < 1$,则式⑳左边$= |z|^5 < 1$,而右边> 1,矛盾.

于是只有$a^2 + b^2 = 1$,即$|z| = 1$.

例21 (1990~1991年西班牙数学奥林匹克)

附录 复数的基本知识

$\{a_n\}$ ($n \geqslant 1$)是一个复数序列,a_n定义为

$$a_n = (1+i) \cdot \left(1 + \frac{i}{\sqrt{2}}\right) \cdot \cdots \cdot \left(1 + \frac{i}{\sqrt{n}}\right)$$

是否存在自然数 m,使得

$$\sum_{n=1}^{m} |a_n - a_{n+1}| = 1\,990$$

解 对于 $n \geqslant 1$,我们有

$$|a_n - a_{n+1}|$$

$$= \left|(1+i) \cdot \left(1 + \frac{i}{\sqrt{2}}\right) \cdot \cdots \cdot \left(1 + \frac{i}{\sqrt{n}}\right) - (1+i) \cdot \left(1 + \frac{i}{\sqrt{2}}\right) \cdot \cdots \cdot \left(1 + \frac{i}{\sqrt{n}}\right) \cdot \left(1 + \frac{i}{\sqrt{n+1}}\right)\right|$$

$$= \left|(1+i) \cdot \left(1 + \frac{i}{\sqrt{2}}\right) \cdot \cdots \cdot \left(1 + \frac{i}{\sqrt{n}}\right) \cdot \left(1 - \left[1 + \frac{i}{\sqrt{n+1}}\right]\right)\right|$$

$$= |1+i| \cdot \left|1 + \frac{i}{\sqrt{2}}\right| \cdot \cdots \cdot \left|1 + \frac{i}{\sqrt{n}}\right| \cdot \left|1 + \frac{i}{\sqrt{n+1}}\right|$$

$$= \sqrt{2} \cdot \frac{\sqrt{3}}{\sqrt{2}} \cdot \frac{\sqrt{4}}{\sqrt{3}} \cdot \cdots \cdot \frac{\sqrt{n+1}}{\sqrt{n}} \cdot \frac{1}{\sqrt{n+1}} = 1$$

所以

$$\sum_{n=1}^{m} |a_n - a_{n+1}| = \sum_{n=1}^{m} 1$$

故只需取 $m = 1\,990$ 即可.

4.3 求模的范围(最值)

例 22 设 $z = \dfrac{\dfrac{\sin t}{\sqrt{2}} + i\cos t}{\sin t - i\dfrac{\cos t}{\sqrt{2}}}$,求 $|z|$ 的范围.

解 由题意,有

$$z\bar{z} = \frac{\frac{\sin t}{\sqrt{2}} + i\cos t \frac{\sin t}{\sqrt{2}} - i\cos t}{\sin t - i\frac{\cos t}{\sqrt{2}}\sin t + i\frac{\cos t}{\sqrt{2}}} = \frac{\sin^2 t + \cos^2 t}{2\sin^2 t + \cos^2 t}$$

$$= -1 + \frac{3}{1 + \sin^2 t}$$

因为

$$0 \leqslant \sin^2 t \leqslant 1$$

所以

$$\frac{1}{2} \leqslant |z|^2 \leqslant 2 \Rightarrow \frac{1}{\sqrt{2}} \leqslant |z| \leqslant \sqrt{2}$$

例 23 已知 $\dfrac{z-1}{z+1}$ 是纯虚数,求 $\min|z^2 - z + 2|$.

解 设 $\dfrac{z-1}{z+1} = ti, t \in \mathbf{R}, t \neq 0$,则有

$$z = \frac{1+ti}{1-ti} \Rightarrow |z| = 1(z \neq \pm 1)$$

设 $z = \cos\theta + i\sin\theta$,则有

$$|z^2 - z + 2| = |z(z-1) + 2\bar{z}z| = |z + 2\bar{z} - 1|$$

$$= |3\cos\theta - 1 - i\sin\theta|$$

$$= \sqrt{8\left(\cos\theta - \frac{3}{8}\right)^2 + \frac{7}{8}}$$

故当 $\cos\theta = \dfrac{3}{8}$ 时,$\min|z^2 - z + 2| = \dfrac{\sqrt{14}}{4}$.

本题中先求出 $|z| = 1$,再将其分离出来的技巧值得玩味.

例 24 (2000 年吉林省高中竞赛)已知复数 z 满

足 $|z|=1$,试求 $u=|z^3-3z+2|$ 的最大值.

解 根据题意,有

$$u = |(z^3-z) - 2(z-1)|$$
$$= |(z-1)(z^2+z) - 2(z-1)|$$
$$= |(z-1)^2(z+2)|$$

设 $z = x+yi, x,y \in \mathbf{R}$,由 $|z|=1$ 得 $x^2+y^2=1$,且 $|x| \leqslant 1$,则

$$u = \sqrt{[(x-1)^2+y^2]^2[(x+2)^2+y^2]}$$
$$= \sqrt{(-2x+2)^2(4x+5)}$$
$$= \sqrt{(2-2x)(2-2x)(4x+5)}$$
$$\leqslant \sqrt{\left(\frac{(2-2x)+(2-2x)+(4x+5)}{3}\right)^3}$$
$$= 3\sqrt{3}$$

当且仅当 $2-2x=4x+5, x=-\frac{1}{2}$,即 $z=-\frac{1}{2} \pm \frac{\sqrt{3}}{2}i$ 时,$\max u = 3\sqrt{3}$.

4.4 构造复数求极值证不等式

法国数学家阿达马(Hadamard. Jacques Salomon,1865—1963)指出:"两个实域真理之间的最短距离是通过复域."利用构造复数求模来解决实函数极值及实数不等式正是体现了这一思想.

例 25 $a,b,x,y \in \mathbf{R}$,已知 $x^2+y^2 \leqslant 1, a^2+b^2 \leqslant 2$,求证:$|b(x^2-y^2)+2axy| \leqslant \sqrt{2}$.

证明 设 $z_1=x+yi, z_2=a+bi, |z_1| \leqslant 1, |z_2| \leqslant 2$,则

$$z_1^2 z_2 = (x+y\mathrm{i})^2(a+b\mathrm{i})$$
$$= [a(x^2-y^2)-2xyb] + [b(x^2-y^2)+2axy]\mathrm{i}$$

由 $|\mathrm{Im}(z)| \leqslant |z|$，故
$$|b(x^2-y^2)+2axy| \leqslant |z_1^2 z_2| \leqslant \sqrt{2}$$

例 26 设 $x \in \mathbf{R}$，求函数 $f(x) = \sqrt{x^2-4x+13} + \sqrt{x^2-10x+26}$ 的最小值。

解 原式变形为
$$f(x) = \sqrt{(x-2)^2+3} + \sqrt{(5-x)^2+1}$$

设 $z_1 = (x-2)+3\mathrm{i}, z_2 = (5-x)+\mathrm{i}$

则
$$z_1+z_2 = 3+4\mathrm{i}$$
$$|z_1| = \sqrt{(x-2)^2+3^2}, |z_2| = \sqrt{(5-x)^2+1}$$

则 $f(x) = |z_1|+|z_2| \geqslant |z_1+z_2| = |3+4\mathrm{i}| = 5$

故 $\min f(x) = 5$

当 $\arg z_1 = \arg z_2 = \arg(z_1+z_2) = \arg(3+4\mathrm{i}) = \mathrm{argtan}\left(\dfrac{3}{4}\right)$，即当 $x = \dfrac{17}{4}$ 时，$\min f(x) = 5$.

例 27 对 $n \in \mathbf{N}$，令 $S_n = \min\left(\sum\limits_{k=1}^{n}\sqrt{(2k-1)^2+a_k^2}\right)$，其中 $a_1, a_2, \cdots, a_n \in \mathbf{R}^+, \sum\limits_{i=1}^{n}a_n = 17$，若存在唯一的 n 使 S_n 也为整数，求 n.

解 由 $\sqrt{(2k-1)^2+a_i^2} = |(2k-1)+a_i\mathrm{i}|(i=1, 2, \cdots, n)$，则

$$\sum_{k=1}^{n}\sqrt{(2k-1)^2+a_k^2}$$
$$=|1+a_1\mathrm{i}|+|3+a_2\mathrm{i}|+\cdots+|(2n-1)+a_n\mathrm{i}|$$
$$\geqslant |[1+3+\cdots+(2n-1)]+(a_1+a_2+\cdots+a_n)\mathrm{i}|$$
$$=|n^2+17\mathrm{i}|=\sqrt{n^4+17^2}$$

由 $S_n \in \mathbf{Z}^+$,设 $S_n=m$,有
$$n^4+17^2=m^2 \Rightarrow (m-n^2)(m+n^2)=289 \Rightarrow$$
$$\begin{cases} m-n^2=1 \\ m+n^2=289 \end{cases} \Rightarrow n=12$$

4.5 模的不等式

关于模的不等式既可以将其转化为关于实部和虚部的不等式,也可以直接用模的性质来证.

例28 设 $z_1,z_2,z_3,z_4 \in \mathbf{C}$,求证
$$|z_1-z_3|^2+|z_2-z_4|^2 \leqslant |z_1-z_2|^2+|z_2-z_3|^2+|z_3-z_4|^2+|z_4-z_1|^2 \quad ㉑$$

当且仅当 $z_1+z_3=z_2+z_4$ 时取等号.

证明 设 $z_k=x_k+y_k\mathrm{i}(k=1,2,3,4)$,则不等式㉑等价于
$$(x_1-x_3)^2+(x_2-x_4)^2+(y_1-y_3)^2+(y_2-y_4)^2$$
$$\leqslant (x_1-x_2)^2+(x_2-x_3)^2+(x_3-x_4)^2+(x_4-x_1)^2+$$
$$(y_1-y_2)^2+(y_2-y_3)^2+(y_3-y_4)^2+(y_4-y_1)^2$$
$$\Leftrightarrow 2(x_1x_2+x_2x_3+x_3x_4+x_4x_1)+2(y_1y_2+y_2y_3+y_3y_4+y_4y_1)$$
$$\leqslant (x_1+x_3)^2+(x_2+x_4)^2+(y_1+y_3)^2+(y_2+y_4)^2$$
$$\Leftrightarrow 2(x_1+x_3)(x_2+x_4)+2(y_1+y_3)(y_2+y_4)$$
$$\leqslant (x_1+x_3)^2+(x_2+x_4)^2+(y_1+y_3)^2+(y_2+y_4)^2$$

$\Leftrightarrow (x_1+x_3-x_2-x_4)^2+(y_1+y_3-y_2-y_4)^2 \geqslant 0$

这是显然成立的,故㉑得证;等号当且仅当

$$\begin{cases} x_1+x_3-x_2-x_4=0 \\ y_1+y_3-y_2-y_4=0 \end{cases} \Leftrightarrow z_1+z_3=z_2+z_4$$

时成立.

例29 设 $|z| \leqslant 1, |w| \leqslant 1, z, w \in \mathbf{C}$,求证

$$|z+w| \leqslant |1+\bar{z}w|$$

证明 因为

$$|1+\bar{z}w|^2 - |z+w|^2$$
$$=(1+\bar{z}w)(1+z\bar{w})-(z+w)(\bar{z}+\bar{w})$$
$$=1+|\bar{z}|^2|w|^2-|z|^2-|w|^2$$
$$=(1-|\bar{z}|^2)(1-|w|^2)$$

又因为

$$|z| \leqslant 1, |w| \leqslant 1$$

所以

$$(1-|z|^2)(1-|w|^2) \geqslant 0$$

故

$$|1+\bar{z}w| \geqslant |z+w|$$

例30 设 $z_1, z_2, \cdots, z_n \in \mathbf{C}$,满足 $\sum_{k=1}^{n}|z_k|=1$,求证:在这 n 个复数中,必存在若干个复数,它们的和的模不小于 $\frac{1}{4}$.

证明 设 $z_k = x_k + \mathrm{i}y_k (k=1,2,\cdots,n)$,则

$$|z_k| = \sqrt{x_k^2+y_k^2} \leqslant |x_k|+|y_k|$$

由题意得

$$1 = \sum_{k=1}^{n}|z_k| \leqslant \sum_{k=1}^{n}|x_k| + \sum_{k=1}^{n}|y_k|$$

附录　复数的基本知识

$$= \sum_{x_i \geq 0} x_i - \sum_{x_j < 0} x_j + \sum_{y_k \geq 0} y_k - \sum_{y_t < 0} y_t$$

由抽屉原则 $\sum_{x_i \geq 0} x_i, -\sum_{x_j < 0} x_j, \sum_{y_k \geq 0} y_k, -\sum_{y_t < 0} y_t$ 中必有一个不小于 $\dfrac{1}{4}$. 不妨设 $\sum_{x_i \geq 0} x_i \geq \dfrac{1}{4}$，则可推得

$$\left| \sum_{x_i \geq 0} z_i \right| = \left| \sum_{x_i \geq 0} x_i + \mathrm{i} \sum y_i \right| \geq \left| \sum_{x_i \geq 0} x_i \right| \geq \dfrac{1}{4}$$

4.6　模的恒等式

例 31　复数 $z_j (j=1,2,3,4)$ 的模为 1. 求证

$$|z_1 - z_2|^2 |z_3 - z_4|^2 + |z_1 + z_4|^2 |z_3 - z_2|^2$$
$$= |z_1(z_2 - z_3) + z_3(z_2 - z_1) + z_4(z_1 - z_3)|^2$$

证明　设

$$u = (z_1 - z_2)(z_3 - z_4)$$
$$v = (z_1 + z_4)(z_3 - z_2)$$
$$w = z_1(z_2 - z_3) + z_3(z_2 - z_1) + z_4(z_1 - z_3)$$

则

$$u + v = -w, \ u\bar{v} + \bar{u}v = 0$$

所以

$$|w|^2 = (u+v)(\bar{u}+\bar{v}) = |u|^2 + |v|^2$$

例 32　设 $u^2 \sec^2 \theta - v^2 \csc^2 \theta = 1$，记 $z = u + \mathrm{i}v$. 求证

$$\sin \theta = \dfrac{1}{2}(1 - |z^2| + |z^2 - 1|)$$

证明　$u^2 \sec^2 \theta - v^2 \csc^2 \theta = 1$ 就是 uv 平面上的双曲线

$$\dfrac{u^2}{\cos^2 \theta} - \dfrac{v^2}{\sin^2 \theta} = 1$$

它的两个焦点是 $(1, 0), (-1, 0)$，由双曲线定义有

$$|z+1|-|z-1|=2|\cos\theta|$$

两边平方得

$$|z+1|^2+|z-1|^2-2|z^2-1|=4\cos^2\theta \quad \text{㉒}$$

此外,由平行四边形法则知

$$|z+1|^2+|z-1|^2=2|z|^2+2$$

代入㉒中便有

$$|z|^2-|z^2-1|=2\cos^2\theta-1$$

于是

$$\sin^2\theta=\frac{1}{2}(1-|z|^2+|z^2+1|)$$

4.7 模与方程

例33 若二次方程 $ax^2+x+1=0$ 的两虚根的模都小于1,求实数 a 的取值范围.

解 实系数二次方程有虚根,应有

$$\Delta=1-4a<0\Rightarrow a>\frac{1}{4} \quad \text{㉓}$$

又方程的虚根为

$$x_{1,2}=\frac{-1\pm\sqrt{4a-1}i}{2a}$$

有

$$|x_{1,2}|=\sqrt{\frac{1}{4a^2}+\frac{4a-1}{4a^2}}=\frac{1}{\sqrt{a}}<1 \quad \text{㉔}$$

由㉓,㉔得 a 的取值范围是 $(1,+\infty)$.

例34 求方程 $z^3+|z|^2=10i$ 的所有根之积.

解 由

$$z^3=-|z|^2+10i\Rightarrow$$

$$\bar{z}^3=-|z|^2-10i\Rightarrow$$

$$|z|^6 = |z|^4 + 100 \Rightarrow$$
$$|z|^2 = 5$$

于是原方程化为 $z^3 + 5 - 10i = 0$,从而所有根之积为 $-5 + 10i$.

例 35 设 $a, b, c \in \mathbf{C}$,并且方程
$$x^3 + ax^2 + bx + c = 0 \qquad ㉕$$
的三个复根 z 都满足 $|z| = 1$,求证:方程 $x^3 + |a|x^2 + |b|x + |c| = 0$ 的三个复根 w 也满足 $|w| = 1$.

证明 设 α, β, γ 为方程㉕的三个复根,则
$$\begin{cases} \alpha + \beta + \gamma = -a \\ \alpha\beta + \beta\gamma + \gamma\alpha = b \\ \alpha\beta\gamma = -c \end{cases}$$

依题意 $|\alpha| = |\beta| = |\gamma| = 1$,于是 $|c| = |\alpha\beta\gamma| = 1$,并且
$$|b| = |\alpha\beta\gamma| \left| \frac{1}{\alpha} + \frac{1}{\beta} + \frac{1}{\gamma} \right| = |\bar{\alpha} + \bar{\beta} + \bar{\gamma}| = |a|$$

这样方程㉕变为
$$x^3 + |a|x^2 + |a|x + 1 = 0 \qquad ㉖$$

注意到
$$x^3 + |a|x^2 + |a|x + 1 = (x + 1)[x^2 + (|a| - 1)x + 1]$$

于是只需证明
$$x^2 + (|a| - 1)x + 1 = 0 \qquad ㉗$$

的两个根的模长为 1. 由于
$$|a| = |\alpha + \beta + \gamma| \leq |\alpha| + |\beta| + |\gamma| = 3$$

如果 $|a| = 3$,则方程㉗的两个根为等根,都是 -1;如果 $|a| < 3$,则方程㉗的判别式小于零,这时㉗有两个互为共轭的虚根,它们之积为 1,这两个虚根的模长都是 1.

4.8 模与多项式

这类问题大多涉及 n 次多项式的零点,经常使用模的三角形不等式求解.

例 36 证明:多项式 $z^n\cos\theta_n + z^{n-1}\cos\theta_{n-1} + z^{n-2}\cos\theta_{n-2} + \cdots + z\cos\theta_1 + \cos\theta_0 - 2$ 的复零点都在曲线 $|z| = \dfrac{1}{2}$ 的外部(其中 $\theta_n, \theta_{n-1}, \cdots, \theta_1, \sigma_0$ 均为实常数).

证明 设 z_0 是任意一个复零点,则
$$z_0^n \cos\theta_n + z_0^{n-1}\cos\theta_{n-1} + z_0^{n-2}\cos\theta_{n-2} + \cdots + z_0 \cos\theta_1 + \cos\theta_0 = 2$$
两边取模,得
$$z \leqslant |z_0^n| + |z_0^{n-1}| + \cdots + |z_0| + 1$$
假设 $|z_0| \leqslant \dfrac{1}{2}$,则
$$z \leqslant \left(\dfrac{1}{2}\right)^n + \left(\dfrac{1}{2}\right)^{n-1} + \cdots + \left(\dfrac{1}{2}\right) + 1 = 2 - \left(\dfrac{1}{2}\right)^n < 2$$
矛盾.

例 37 设复系数多项式 $p(z) = a_n z^n + a_{n-1} z^{n-1} + \cdots + a_0$ 在单位圆 $|z| = 1$ 上, $|p(z)| \leqslant M$. 求证: $|a_j| \leqslant M (j = 0, 1, \cdots, n)$.

证明 令 $\xi = e^{\frac{2\pi i}{n}}$,有
$$|a_n \xi^{nk} + a_{n-1}\xi^{(n-1)k} + \cdots + a_0| \leqslant M (k = 0, 1, \cdots, k-1)$$
所以
$$nM \geqslant \sum_{k=1}^{n} |\xi^{-jk}| |a_n \xi^{nk} + \cdots + a_0|$$
$$\geqslant |\sum_{k=1}^{n} (a_n \xi^{(n-j)k} + \cdots + a_0 \xi^{-jk})|$$
$$= n|a_j| \Rightarrow M \geqslant |a_j|$$

注 经 $z_k = e^{\frac{(2k+1)\pi i}{n}}, k = 0,1,2,\cdots,n-1$ 是 $z^n + 1 = 0$ 的全部根. 1984 年, 阿齐兹(A. Aziz)证明了:

(1) 设 $p(z)$ 是 n 次多项式, $p(1) = 0$, 则

$$\max_{|z|=1}\left|\frac{p(z)}{z-1}\right| \leq \frac{n}{2}\max_{0\leq k\leq n-1}|p(z_k)| \leq \frac{n}{2}\max_{|z|=1}|p(z)|$$

$$|p'(1)| \leq \frac{n}{2}\max_{0\leq k\leq n-1}|p(z_k)| \leq \frac{n}{2}\max_{|z|=1}|p(z)|$$

(2) 设 $0 \leq \beta < 1$, $p(z)$ 是 n 次多项式, $p(\beta) = 0$, 则

$$\max_{|z|=\beta}\left|\frac{p(z)}{z-\beta}\right| \leq \frac{n}{1+\beta}\max_{0\leq k\leq n-1}|p(z_k)| \leq \frac{n}{1+\beta}\max_{|z|=1}|p(z)|$$

$$|p'(\beta)| \leq \frac{n}{1+\beta}\max_{0\leq k\leq n-1}|p(z_k)| \leq \frac{n}{1+\beta}\max_{|z|=1}|p(z)|$$

例38 考虑多项式 $p(x) = x^n + nx^{n-1} + a_2 x^{n-2} + \cdots + a_n$, 设 $v_i (1 \leq i \leq n)$ 为 $p(x)$ 的全部根, 并且 $|\gamma_1|^{16} + |\gamma_2|^{16} + \cdots + |\gamma_n|^{16} = n$, 求 $p(x)$ 的根.

解 由施瓦兹(Schwartz)不等式和韦达(Vieta)定理, 有

$$n^2 = |\gamma_1 + \gamma_2 + \cdots + \gamma_n|^2$$
$$\leq n(|\gamma_1|^2 + |\gamma_2|^2 + \cdots + |\gamma_n|^2) \quad \text{㉘}$$

$$n^4 = |\gamma_1 + \gamma_2 + \cdots + \gamma_n|^4$$
$$\leq n^2(|\gamma_1|^2 + |\gamma_2|^2 + \cdots + |\gamma_n|^2)^2$$
$$\leq n^3(|\gamma_1|^4 + |\gamma_2|^4 + \cdots + |\gamma_n|^4) \quad \text{㉙}$$

$$n^8 = |\gamma_1 + \gamma_2 + \cdots + \gamma_n|^8$$
$$\leq n^6(|\gamma_1|^4 + |\gamma_2|^4 + \cdots + |\gamma_n|^4)^2$$
$$\leq n^7(|\gamma_1|^8 + |\gamma_2|^8 + \cdots + |\gamma_n|^8) \quad \text{㉚}$$

$$n^{16} \leq n^{14}(|\gamma_1|^8 + |\gamma_2|^8 + \cdots + |\gamma_n|^8)^2$$
$$\leq n^{15}(|\gamma_1|^{16} + |\gamma_2|^{16} + \cdots + |\gamma_n|^{16}) \quad \text{㉛}$$

但$|\gamma_1|^{16}+|\gamma_2|^{16}+\cdots+|\gamma_n|^{16}=n$,所以㉛中等号成立.从而
$$|\gamma_1|^8+|\gamma_2|^8+\cdots+|\gamma_n|^8=n$$
所以㉚中等号成立,从而
$$|\gamma_1|^8+|\gamma_2|^8+\cdots+|\gamma_n|^8=n$$
再由㉚同样导出
$$|\gamma_1|^4+|\gamma_2|^4+\cdots+|\gamma_n|^4=n$$
再由㉙得
$$|\gamma_1|^2+|\gamma_2|^2+\cdots+|\gamma_n|^2=n$$
最后由式㉘等号成立,得$\gamma_1=\gamma_2=\cdots=\gamma_n$,但由韦达定理$\gamma_1+\gamma_2+\cdots+\gamma_n=-n$,所以$\gamma_1=\gamma_2=\cdots=\gamma_n=-1$.

哈尔滨工业大学出版社刘培杰数学工作室
已出版(即将出版)图书目录

书　名	出版时间	定　价	编号
新编中学数学解题方法全书(高中版)上卷	2007—09	38.00	7
新编中学数学解题方法全书(高中版)中卷	2007—09	48.00	8
新编中学数学解题方法全书(高中版)下卷(一)	2007—09	42.00	17
新编中学数学解题方法全书(高中版)下卷(二)	2007—09	38.00	18
新编中学数学解题方法全书(高中版)下卷(三)	2010—06	58.00	73
新编中学数学解题方法全书(初中版)上卷	2008—01	28.00	29
新编中学数学解题方法全书(初中版)中卷	2010—07	38.00	75
新编中学数学解题方法全书(高考复习卷)	2010—01	48.00	67
新编中学数学解题方法全书(高考真题卷)	2010—01	38.00	62
新编中学数学解题方法全书(高考精华卷)	2011—03	68.00	118
新编平面解析几何解题方法全书(专题讲座卷)	2010—01	18.00	61
新编中学数学解题方法全书(自主招生卷)	2013—08	88.00	261
数学眼光透视	2008—01	38.00	24
数学思想领悟	2008—01	38.00	25
数学应用展观	2008—01	38.00	26
数学建模导引	2008—01	28.00	23
数学方法溯源	2008—01	38.00	27
数学史话览胜	2008—01	28.00	28
数学思维技术	2013—09	38.00	260
从毕达哥拉斯到怀尔斯	2007—10	48.00	9
从迪利克雷到维斯卡尔迪	2008—01	48.00	21
从哥德巴赫到陈景润	2008—05	98.00	35
从庞加莱到佩雷尔曼	2011—08	138.00	136
数学解题中的物理方法	2011—06	28.00	114
数学解题的特殊方法	2011—06	48.00	115
中学数学计算技巧	2012—01	48.00	116
中学数学证明方法	2012—01	58.00	117
数学趣题巧解	2012—03	28.00	128
三角形中的角格点问题	2013—01	88.00	207
含参数的方程和不等式	2012—09	28.00	213

哈尔滨工业大学出版社刘培杰数学工作室
已出版（即将出版）图书目录

书　名	出版时间	定　价	编号
数学奥林匹克与数学文化(第一辑)	2006—05	48.00	4
数学奥林匹克与数学文化(第二辑)(竞赛卷)	2008—01	48.00	19
数学奥林匹克与数学文化(第二辑)(文化卷)	2008—07	58.00	36
数学奥林匹克与数学文化(第三辑)(竞赛卷)	2010—01	48.00	59
数学奥林匹克与数学文化(第四辑)(竞赛卷)	2011—08	58.00	87
发展空间想象力	2010—01	38.00	57
走向国际数学奥林匹克的平面几何试题诠释(上、下)(第1版)	2007—01	68.00	11,12
走向国际数学奥林匹克的平面几何试题诠释(上、下)(第2版)	2010—02	98.00	63,64
平面几何证明方法全书	2007—08	35.00	1
平面几何证明方法全书习题解答(第1版)	2005—10	18.00	2
平面几何证明方法全书习题解答(第2版)	2006—12	18.00	10
平面几何天天练上卷·基础篇(直线型)	2013—01	58.00	208
平面几何天天练中卷·基础篇(涉及圆)	2013—01	28.00	234
平面几何天天练下卷·提高篇	2013—01	58.00	237
平面几何专题研究	2013—07	98.00	258
最新世界各国数学奥林匹克中的平面几何试题	2007—09	38.00	14
数学竞赛平面几何典型题及新颖解	2010—07	48.00	74
初等数学复习及研究(平面几何)	2008—09	58.00	38
初等数学复习及研究(立体几何)	2010—06	38.00	71
初等数学复习及研究(平面几何)习题解答	2009—01	48.00	42
世界著名平面几何经典著作钩沉——几何作图专题卷(上)	2009—06	48.00	49
世界著名平面几何经典著作钩沉——几何作图专题卷(下)	2011—01	88.00	80
世界著名平面几何经典著作钩沉(民国平面几何老课本)	2011—03	38.00	113
世界著名解析几何经典著作钩沉——平面解析几何卷	2014—01	38.00	273
世界著名数论经典著作钩沉(算术卷)	2012—01	28.00	125
世界著名数学经典著作钩沉——立体几何卷	2011—02	28.00	88
世界著名三角学经典著作钩沉(平面三角卷Ⅰ)	2010—06	28.00	69
世界著名三角学经典著作钩沉(平面三角卷Ⅱ)	2011—01	38.00	78
世界著名初等数论经典著作钩沉(理论和实用算术卷)	2011—07	38.00	126
几何学教程(平面几何卷)	2011—03	68.00	90
几何学教程(立体几何卷)	2011—07	68.00	130
几何变换与几何证题	2010—06	88.00	70
计算方法与几何证题	2011—06	28.00	129
立体几何技巧与方法	2014—04	88.00	293
几何瑰宝——平面几何500名题暨1000条定理(上、下)	2010—07	138.00	76,77
三角形的解法与应用	2012—07	18.00	183
近代的三角形几何学	2012—07	48.00	184
一般折线几何学	即将出版	58.00	203
三角形的五心	2009—06	28.00	51
三角形趣谈	2012—08	28.00	212
解三角形	2014—01	28.00	265
圆锥曲线习题集(上)	2013—06	68.00	255

哈尔滨工业大学出版社刘培杰数学工作室
已出版(即将出版)图书目录

书　名	出版时间	定　价	编号
俄罗斯平面几何问题集	2009—08	88.00	55
俄罗斯立体几何问题集	2014—03	58.00	283
俄罗斯几何大师——沙雷金论数学及其他	2014—01	48.00	271
来自俄罗斯的5000道几何习题及解答	2011—03	58.00	89
俄罗斯初等数学问题集	2012—05	38.00	177
俄罗斯函数问题集	2011—03	38.00	103
俄罗斯组合分析问题集	2011—01	48.00	79
俄罗斯初等数学万题选——三角卷	2012—11	38.00	222
俄罗斯初等数学万题选——代数卷	2013—08	68.00	225
俄罗斯初等数学万题选——几何卷	2014—01	68.00	226
463个俄罗斯几何老问题	2012—01	28.00	152
近代欧氏几何学	2012—03	48.00	162
罗巴切夫斯基几何学及几何基础概要	2012—07	28.00	188
超越吉米多维奇——数列的极限	2009—11	48.00	58
Barban Davenport Halberstam均值和	2009—01	40.00	33
初等数论难题集(第一卷)	2009—05	68.00	44
初等数论难题集(第二卷)(上、下)	2011—02	128.00	82,83
谈谈素数	2011—03	18.00	91
平方和	2011—03	18.00	92
数论概貌	2011—03	18.00	93
代数数论(第二版)	2013—08	58.00	94
代数多项式	2014—05	38.00	289
初等数论的知识与问题	2011—02	28.00	95
超越数论基础	2011—03	28.00	96
数论初等教程	2011—03	28.00	97
数论基础	2011—03	18.00	98
数论基础与维诺格拉多夫	2014—03	18.00	292
解析数论基础	2012—08	28.00	216
解析数论基础(第二版)	2014—01	48.00	287
数论入门	2011—03	38.00	99
数论开篇	2012—07	28.00	194
解析数论引论	2011—03	48.00	100
复变函数引论	2013—10	68.00	269
无穷分析引论(上)	2013—04	88.00	247
无穷分析引论(下)	2013—04	98.00	245

哈尔滨工业大学出版社刘培杰数学工作室
已出版(即将出版)图书目录

书 名	出版时间	定 价	编号
数学分析	2014—04	28.00	338
数学分析中的一个新方法及其应用	2013—01	38.00	231
数学分析例选:通过范例学技巧	2013—01	88.00	243
三角级数论(上册)(陈建功)	2013—01	38.00	232
三角级数论(下册)(陈建功)	2013—01	48.00	233
三角级数论(哈代)	2013—06	48.00	254
基础数论	2011—03	28.00	101
超越数	2011—03	18.00	109
三角和方法	2011—03	18.00	112
谈谈不定方程	2011—05	28.00	119
整数论	2011—05	38.00	120
随机过程(Ⅰ)	2014—01	78.00	224
随机过程(Ⅱ)	2014—01	68.00	235
整数的性质	2012—11	38.00	192
初等数论100例	2011—05	18.00	122
初等数论经典例题	2012—07	18.00	204
最新世界各国数学奥林匹克中的初等数论试题(上、下)	2012—01	138.00	144,145
算术探索	2011—12	158.00	148
初等数论(Ⅰ)	2012—01	18.00	156
初等数论(Ⅱ)	2012—01	18.00	157
初等数论(Ⅲ)	2012—01	28.00	158
组合数学	2012—04	28.00	178
组合数学浅谈	2012—03	28.00	159
同余理论	2012—05	38.00	163
丢番图方程引论	2012—03	48.00	172
平面几何与数论中未解决的新老问题	2013—01	68.00	229
历届美国中学生数学竞赛试题及解答(第一卷)1950—1954	2014—06	18.00	277
历届美国中学生数学竞赛试题及解答(第二卷)1955—1959	2014—04	18.00	278
历届美国中学生数学竞赛试题及解答(第三卷)1960—1964	2014—06	18.00	279
历届美国中学生数学竞赛试题及解答(第四卷)1965—1969	2014—04	28.00	280
历届美国中学生数学竞赛试题及解答(第五卷)1970—1972	2014—06	18.00	281

哈尔滨工业大学出版社刘培杰数学工作室已出版(即将出版)图书目录

书　　名	出版时间	定　价	编号
历届 IMO 试题集(1959—2005)	2006—05	58.00	5
历届 CMO 试题集	2008—09	28.00	40
历届加拿大数学奥林匹克试题集	2012—08	38.00	215
历届美国数学奥林匹克试题集:多解推广加强	2012—08	38.00	209
历届国际大学生数学竞赛试题集(1994—2010)	2012—01	28.00	143
全国大学生数学夏令营数学竞赛试题及解答	2007—03	28.00	15
全国大学生数学竞赛辅导教程	2012—07	28.00	189
全国大学生数学竞赛复习全书	2014—04	48.00	340
历届美国大学生数学竞赛试题集	2009—03	88.00	43
前苏联大学生数学奥林匹克竞赛题解(上编)	2012—04	28.00	169
前苏联大学生数学奥林匹克竞赛题解(下编)	2012—04	38.00	170
历届美国数学邀请赛试题集	2014—01	48.00	270
整函数	2012—08	18.00	161
多项式和无理数	2008—01	68.00	22
模糊数据统计学	2008—03	48.00	31
模糊分析学与特殊泛函空间	2013—01	68.00	241
受控理论与解析不等式	2012—05	78.00	165
解析不等式新论	2009—06	68.00	48
反问题的计算方法及应用	2011—11	28.00	147
建立不等式的方法	2011—03	98.00	104
数学奥林匹克不等式研究	2009—08	68.00	56
不等式研究(第二辑)	2012—02	68.00	153
初等数学研究(Ⅰ)	2008—09	68.00	37
初等数学研究(Ⅱ)(上、下)	2009—05	118.00	46,47
中国初等数学研究　2009卷(第1辑)	2009—05	20.00	45
中国初等数学研究　2010卷(第2辑)	2010—05	30.00	68
中国初等数学研究　2011卷(第3辑)	2011—07	60.00	127
中国初等数学研究　2012卷(第4辑)	2012—07	48.00	190
中国初等数学研究　2014卷(第5辑)	2014—02	48.00	288
数阵及其应用	2012—02	28.00	164
绝对值方程—折边与组合图形的解析研究	2012—07	48.00	186
不等式的秘密(第一卷)	2012—02	28.00	154
不等式的秘密(第一卷)(第2版)	2014—02	38.00	286
不等式的秘密(第二卷)	2014—01	38.00	268

哈尔滨工业大学出版社刘培杰数学工作室已出版(即将出版)图书目录

书 名	出版时间	定 价	编号
初等不等式的证明方法	2010－06	38.00	123
数学奥林匹克问题集	2014－01	38.00	267
数学奥林匹克不等式散论	2010－06	38.00	124
数学奥林匹克不等式欣赏	2011－09	38.00	138
数学奥林匹克超级题库(初中卷上)	2010－01	58.00	66
数学奥林匹克不等式证明方法和技巧(上、下)	2011－08	158.00	134,135
近代拓扑学研究	2013－04	38.00	239
新编640个世界著名数学智力趣题	2014－01	88.00	242
500个最新世界著名数学智力趣题	2008－06	48.00	3
400个最新世界著名数学最值问题	2008－09	48.00	36
500个世界著名数学征解问题	2009－06	48.00	52
400个中国最佳初等数学征解老问题	2010－01	48.00	60
500个俄罗斯数学经典老题	2011－01	28.00	81
1000个国外中学物理好题	2012－04	48.00	174
300个日本高考数学题	2012－05	38.00	142
500个前苏联早期高考数学试题及解答	2012－05	28.00	185
546个早期俄罗斯大学生数学竞赛题	2014－03	38.00	285
博弈论精粹	2008－03	58.00	30
数学 我爱你	2008－01	28.00	20
精神的圣徒 别样的人生——60位中国数学家成长的历程	2008－09	48.00	39
数学史概论	2009－06	78.00	50
数学史概论(精装)	2013－03	158.00	272
斐波那契数列	2010－02	28.00	65
数学拼盘和斐波那契魔方	2010－07	38.00	72
斐波那契数列欣赏	2011－01	28.00	160
数学的创造	2011－02	48.00	85
数学中的美	2011－02	38.00	84
王连笑教你怎样学数学——高考选择题解题策略与客观题实用训练	2014－01	48.00	262
最新全国及各省市高考数学试卷解法研究及点拨评析	2009－02	38.00	41
高考数学的理论与实践	2009－08	38.00	53
中考数学专题总复习	2007－04	28.00	6
向量法巧解数学高考题	2009－08	28.00	54
高考数学核心题型解题方法与技巧	2010－01	28.00	86
高考思维新平台	2014－03	38.00	259
数学解题——靠数学思想给力(上)	2011－07	38.00	131
数学解题——靠数学思想给力(中)	2011－07	48.00	132
数学解题——靠数学思想给力(下)	2011－07	38.00	133
我怎样解题	2013－01	48.00	227

哈尔滨工业大学出版社刘培杰数学工作室
已出版(即将出版)图书目录

书　名	出版时间	定　价	编号
2011年全国及各省市高考数学试题审题要津与解法研究	2011—10	48.00	139
2013年全国及各省市高考数学试题解析与点评	2014—01	48.00	282
新课标高考数学——五年试题分章详解(2007～2011)(上、下)	2011—10	78.00	140,141
30分钟拿下高考数学选择题、填空题	2012—01	48.00	146
全国中考数学压轴题审题要津与解法研究	2013—04	78.00	248
新编全国及各省市中考数学压轴题审题要津与解法研究	2014—05	58.00	342
高考数学压轴题解题诀窍(上)	2012—02	78.00	166
高考数学压轴题解题诀窍(下)	2012—03	28.00	167
格点和面积	2012—07	18.00	191
射影几何趣谈	2012—04	28.00	175
斯潘纳尔引理——从一道加拿大数学奥林匹克试题谈起	2014—01	18.00	228
李普希兹条件——从几道近年高考数学试题谈起	2012—10	18.00	221
拉格朗日中值定理——从一道北京高考试题的解法谈起	2012—10	18.00	197
闵科夫斯基定理——从一道清华大学自主招生试题谈起	2014—01	28.00	198
哈尔测度——从一道冬令营试题的背景谈起	2012—08	28.00	202
切比雪夫逼近问题——从一道中国台北数学奥林匹克试题谈起	2013—04	38.00	238
伯恩斯坦多项式与贝齐尔曲面——从一道全国高中数学联赛试题谈起	2013—03	38.00	236
卡塔兰猜想——从一道普特南竞赛试题谈起	2013—06	18.00	256
麦卡锡函数和阿克曼函数——从一道前南斯拉夫数学奥林匹克试题谈起	2012—08	18.00	201
贝蒂定理与拉姆贝克莫斯尔定理——从一个拣石子游戏谈起	2012—08	18.00	217
皮亚诺曲线和豪斯道夫分球定理——从无限集谈起	2012—08	18.00	211
平面凸图形与凸多面体	2012—10	28.00	218
斯坦因豪斯问题——从一道二十五省市自治区中学数学竞赛试题谈起	2012—07	18.00	196
纽结理论中的亚历山大多项式与琼斯多项式——从一道北京市高一数学竞赛试题谈起	2012—07	28.00	195
原则与策略——从波利亚"解题表"谈起	2013—04	38.00	244
转化与化归——从三大尺规作图不能问题谈起	2012—08	28.00	214
代数几何中的贝祖定理(第一版)——从一道IMO试题的解法谈起	2013—08	38.00	193
成功连贯理论与约当块理论——从一道比利时数学竞赛试题谈起	2012—04	18.00	180
磨光变换与范·德·瓦尔登猜想——从一道环球城市竞赛试题谈起	即将出版		
素数判定与大数分解	即将出版	18.00	199
置换多项式及其应用	2012—10	18.00	220
椭圆函数与模函数——从一道美国加州大学洛杉矶分校(UCLA)博士资格考题谈起	2012—10	38.00	219
差分方程的拉格朗日方法——从一道2011年全国高考理科试题的解法谈起	2012—08	28.00	200

哈尔滨工业大学出版社刘培杰数学工作室
已出版(即将出版)图书目录

书　名	出版时间	定　价	编号
力学在几何中的一些应用	2013—01	38.00	240
高斯散度定理、斯托克斯定理和平面格林定理——从一道国际大学生数学竞赛试题谈起	即将出版		
康托洛维奇不等式——从一道全国高中联赛试题谈起	2013—03	28.00	337
西格尔引理——从一道第18届IMO试题的解法谈起	即将出版		
罗斯定理——从一道前苏联数学竞赛试题谈起	即将出版		
拉克斯定理和阿廷定理——从一道IMO试题的解法谈起	2014—01	58.00	246
毕卡大定理——从一道美国大学数学竞赛试题谈起	即将出版		
贝齐尔曲线——从一道全国高中联赛试题谈起	即将出版		
拉格朗日乘子定理——从一道2005年全国高中联赛试题谈起	即将出版		
雅可比定理——从一道日本数学奥林匹克试题谈起	2013—04	48.00	249
李天岩-约克定理——从一道波兰数学竞赛试题谈起	即将出版		
整系数多项式因式分解的一般方法——从克朗耐克算法谈起	即将出版		
布劳维不动点定理——从一道前苏联数学奥林匹克试题谈起	2014—01	38.00	273
压缩不动点定理——从一道高考数学试题的解法谈起	即将出版		
伯恩赛德定理——从一道英国数学奥林匹克试题谈起	即将出版		
布查特-莫斯特定理——从一道上海市初中竞赛试题谈起	即将出版		
数论中的同余数问题——从一道普特南竞赛试题谈起	即将出版		
范·德蒙行列式——从一道美国数学奥林匹克试题谈起	即将出版		
中国剩余定理——从一道美国数学奥林匹克试题的解法谈起	即将出版		
牛顿程序与方程求根——从一道全国高考试题解法谈起	即将出版		
库默尔定理——从一道IMO预选试题谈起	即将出版		
卢丁定理——从一道冬令营试题的解法谈起	即将出版		
沃斯滕霍姆定理——从一道IMO预选试题谈起	即将出版		
卡尔松不等式——从一道莫斯科数学奥林匹克试题谈起	即将出版		
信息论中的香农熵——从一道近年高考压轴题谈起	即将出版		
约当不等式——从一道希望杯竞赛试题谈起	即将出版		
拉比诺维奇定理	即将出版		
刘维尔定理——从一道《美国数学月刊》征解问题的解法谈起	即将出版		
卡塔兰恒等式与级数求和——从一道IMO试题的解法谈起	即将出版		
勒让德猜想与素数分布——从一道爱尔兰竞赛试题谈起	即将出版		
天平称重与信息论——从一道基辅市数学奥林匹克试题谈起	即将出版		

哈尔滨工业大学出版社刘培杰数学工作室 已出版(即将出版)图书目录

书 名	出版时间	定 价	编号
艾思特曼定理——从一道CMO试题的解法谈起	即将出版		
一个爱尔特希问题——从一道西德数学奥林匹克试题谈起	即将出版		
有限群中的爱丁格尔问题——从一道北京市初中二年级数学竞赛试题谈起	即将出版		
贝克码与编码理论——从一道全国高中联赛试题谈起	即将出版		
帕斯卡三角形	2014—03	18.00	294
蒲丰投针问题——从2009年清华大学的一道自主招生试题谈起	2014—01	38.00	295
斯图姆定理——从一道"华约"自主招生试题的解法谈起	2014—01	18.00	296
许瓦兹引理——从一道加利福尼亚大学伯克利分校数学系博士生试题谈起	2014—01		297
拉格朗日中值定理——从一道北京高考试题的解法谈起	2014—01		298
拉姆塞定理——从王诗宬院士的一个问题谈起	2014—01		299
坐标法	2013—12	28.00	332
数论三角形	2014—04	38.00	341
中等数学英语阅读文选	2006—12	38.00	13
统计学专业英语	2007—03	28.00	16
统计学专业英语(第二版)	2012—07	48.00	176
幻方和魔方(第一卷)	2012—05	68.00	173
尘封的经典——初等数学经典文献选读(第一卷)	2012—07	48.00	205
尘封的经典——初等数学经典文献选读(第二卷)	2012—07	38.00	206
实变函数论	2012—06	78.00	181
非光滑优化及其变分分析	2014—01	48.00	230
疏散的马尔科夫链	2014—01	58.00	266
初等微分拓扑学	2012—07	18.00	182
方程式论	2011—03	38.00	105
初级方程式论	2011—03	28.00	106
Galois理论	2011—03	18.00	107
古典数学难题与伽罗瓦理论	2012—11	58.00	223
伽罗华与群论	2014—01	28.00	290
代数方程的根式解及伽罗瓦理论	2011—03	28.00	108
线性偏微分方程讲义	2011—03	18.00	110
N体问题的周期解	2011—03	28.00	111
代数方程式论	2011—05	18.00	121
动力系统的不变量与函数方程	2011—07	48.00	137
基于短语评价的翻译知识获取	2012—02	48.00	168
应用随机过程	2012—04	48.00	187
概率论导引	2012—04	18.00	179
矩阵论(上)	2013—06	58.00	250
矩阵论(下)	2013—06	48.00	251

哈尔滨工业大学出版社刘培杰数学工作室
已出版(即将出版)图书目录

书　名	出版时间	定　价	编号
抽象代数:方法导引	2013—06	38.00	257
闵嗣鹤文集	2011—03	98.00	102
吴从炘数学活动三十年(1951～1980)	2010—07	99.00	32
吴振奎高等数学解题真经(概率统计卷)	2012—01	38.00	149
吴振奎高等数学解题真经(微积分卷)	2012—01	68.00	150
吴振奎高等数学解题真经(线性代数卷)	2012—01	58.00	151
高等数学解题全攻略(上卷)	2013—06	58.00	252
高等数学解题全攻略(下卷)	2013—06	58.00	253
高等数学复习纲要	2014—01	18.00	384
钱昌本教你快乐学数学(上)	2011—12	48.00	155
钱昌本教你快乐学数学(下)	2012—03	58.00	171
数贝偶拾——高考数学题研究	2014—04	28.00	274
数贝偶拾——初等数学研究	2014—04	38.00	275
数贝偶拾——奥数题研究	2014—04	48.00	276
集合、函数与方程	2014—01	28.00	300
数列与不等式	2014—01	38.00	301
三角与平面向量	2014—01	28.00	302
平面解析几何	2014—01	38.00	303
立体几何与组合	2014—01	28.00	304
极限与导数、数学归纳法	2014—01	38.00	305
趣味数学	2014—03	28.00	306
教材教法	2014—04	68.00	307
自主招生	2014—05	58.00	308
高考压轴题(上)	即将出版		309
高考压轴题(下)	即将出版		310
从费马到怀尔斯——费马大定理的历史	2013—10	198.00	I
从庞加莱到佩雷尔曼——庞加莱猜想的历史	2013—10	298.00	II
从切比雪夫到爱尔特希(上)——素数定理的初等证明	2013—07	48.00	III
从切比雪夫到爱尔特希(下)——素数定理100年	2012—12	98.00	III
从高斯到盖尔方特——虚二次域的高斯猜想	2013—10	198.00	IV
从库默尔到朗兰兹——朗兰兹猜想的历史	2014—01	98.00	V
从比勃巴赫到德布朗斯——比勃巴赫猜想的历史	2014—02	298.00	VI
从麦比乌斯到陈省身——麦比乌斯变换与麦比乌斯带	2014—02	298.00	VII
从布尔到豪斯道夫——布尔方程与格论漫谈	2013—10	198.00	VIII
从开普勒到阿诺德——三体问题的历史	2014—05	298.00	IX
从华林到华罗庚——华林问题的历史	2013—10	298.00	X

哈尔滨工业大学出版社刘培杰数学工作室
已出版(即将出版)图书目录

书　名	出版时间	定　价	编号
三角函数	2014—01	38.00	311
不等式	2014—01	28.00	312
方程	2014—01	28.00	314
数列	2014—01	38.00	313
排列和组合	2014—01	28.00	315
极限与导数	2014—01	28.00	316
向量	2014—01	38.00	317
复数及其应用	2014—01	28.00	318
函数	2014—01	38.00	319
集合	即将出版		320
直线与平面	2014—01	28.00	321
立体几何	2014—04	28.00	322
解三角形	即将出版		323
直线与圆	2014—01	18.00	324
圆锥曲线	2014—01	38.00	325
解题通法(一)	2014—01	38.00	326
解题通法(二)	2014—01	38.00	327
解题通法(三)	2014—05	38.00	328
概率与统计	2014—01	28.00	329
信息迁移与算法	即将出版		330
第19～23届"希望杯"全国数学邀请赛试题审题要津详细评注(初一版)	2014—03	28.00	333
第19～23届"希望杯"全国数学邀请赛试题审题要津详细评注(初二、初三版)	2014—03	38.00	334
第19～23届"希望杯"全国数学邀请赛试题审题要津详细评注(高一版)	2014—03	28.00	335
第19～23届"希望杯"全国数学邀请赛试题审题要津详细评注(高二版)	2014—03	38.00	336
物理奥林匹克竞赛大题典——力学卷	即将出版		
物理奥林匹克竞赛大题典——热学卷	2014—04	28.00	339
物理奥林匹克竞赛大题典——电磁学卷	即将出版		
物理奥林匹克竞赛大题典——光学与近代物理卷	2014—06	28.00	

联系地址:哈尔滨市南岗区复华四道街10号　哈尔滨工业大学出版社刘培杰数学工作室
网　　址:http://lpj.hit.edu.cn/
邮　　编:150006
联系电话:0451—86281378　　13904613167
E-mail:lpj1378@163.com